火驱点火工艺技术

潘竟军　蔡罡　陈龙　周汉鹏　著

石油工业出版社

内 容 提 要

本书总结了国内外火驱采油的发展概况及形成的主要点火工艺技术。内容包括自燃点火、化学点火、燃油点火、燃气点火和电点火等点火技术；重点介绍电点火技术的技术原理、工艺装备、作业方法、燃烧判断、设计计算、安全管理和应用实例等实用知识和技能。涉及的技术参数、设备型式、工艺流程、作业方法等主要来源于新疆油田火驱项目的相关试验和生产现场。

本书可供石油行业从事热力采油的科技人员和石油院校相关专业师生参考阅读。

图书在版编目（CIP）数据

火驱点火工艺技术／潘竟军等著 . —北京：石油
工业出版社，2022. 1
ISBN 978-7-5183-5125-1

Ⅰ . ①火… Ⅱ . ①潘… Ⅲ . ①火烧油层 Ⅳ.
①TE357. 44

中国版本图书馆 CIP 数据核字（2021）第 280480 号

出版发行：石油工业出版社
（北京安定门外安华里 2 区 1 号　100011）
网　　址：www. petropub. com
编辑部：（010）64523541
图书营销中心：（010）64523633
经　　销：全国新华书店
印　　刷：北京中石油彩色印刷有限责任公司

2022 年 1 月第 1 版　2022 年 1 月第 1 次印刷
787×1092 毫米　开本：1/16　印张：7.5
字数：120 千字

定价：60. 00 元
（如发现印装质量问题，我社图书营销中心负责调换）

《火驱点火工艺技术》
编写组

组　长：潘竞军

副组长：蔡　罡　　陈　龙　　周汉鹏

成　员：余　杰　　陈莉娟　　胡承军

　　　　申玉壮　　张满年

前　言

　　石油是关乎国计民生的重要战略物资，在当今全球能源结构中占据首要位置，相关研究表明，即便在 20 年后，油气在全球能源结构中依然会占据半壁江山。对我国而言，从现在至将来的很长一段时间，石油需求将保持高度对外依存。我国稠油资源丰富，储量约 $200 \times 10^8 t$，为缓解石油供应面临的诸多挑战，对稠油、超稠油的高效开采变得更加迫切。从 20 世纪 50 年代末至今，我国新疆油田、辽河油田、胜利油田和吉林油田等多个油田先后开展了火驱技术研究和矿场试验，对火驱机理的认识不断深入，并逐渐形成了比较成熟和实用的火驱生产技术和工艺装备。特别是新疆油田在自 2009 年以来实施的红浅火驱先导试验、工业化推广应用和风城超稠油水平井重力火驱先导试验过程中，投入了大量的人力、物力和财力，对火驱技术进行了空前地、系统地研发，形成了包括火驱点火、注气、监测、举升、集输、尾气处理、修井作业等配套工艺技术和装备；在点火工艺技术方面，研发出具有自主知识产权的系列电点火装备，并形成了相关作业技术规程和标准，截至目前一次性点火成功率保持在 100%，相关科研成果获得多项省部级、油田公司级科技进步特等奖和一等奖，总体技术性能指标达到世界领先水平。点火技术是火驱的关键技术，能否成功点火直接影响到火驱效果与成败。在近一百年的国内外火驱点火实践中，形成了包括自燃点火、化学点火、燃油点火、燃气点火和电点火等多种点火方式，而电点火以其可靠、可控、点火成功率高等技术特点成为当今最主流的点火方式，并将在未来的火驱开发中继续发挥重要作用。

本书以新疆油田实施的火驱项目为技术基础，梳理总结了国内外火驱主要的点火工艺技术，主要介绍电点火的技术原理、工艺装备、作业方法以及燃烧判断和相关设计计算等实用知识和技能，其他点火方式仅作概要性介绍，以丰富读者对相关技术异同的了解。本书在内容编排和论述深度上，贴近实践，面向一线工程技术人员；在追求内容先进性的同时，力求技术的实用性和可操作性。若读者或使用单位能通过本书的介绍拓宽对火驱及点火技术的了解，提高油田火驱队伍专业水平及工艺装备水平，在技术应用和传承上受到启发，进而实现创新和发展，那么就达成了本书的初衷。

在本书的编写过程中，新疆油田公司工程技术研究院火驱项目组、工程技术公司点火作业队给予了支持与协助，在此表示感谢。

目 录

第一章　火驱点火技术发展现状

火驱亦称火烧油层、就地燃烧和注空气技术等。它是通过向油层注入空气（或O_2），同时加热油层，使油层温度达到其燃点后保持燃烧状态，利用燃烧产生的热量、气体带来的物理化学作用进行采油的方法。火驱有多种类型，依据在注空气过程中是否伴有注水，分为湿式火驱和干式火驱，伴有注水为湿式火驱，否则为干式火驱。火驱主要用于稠油油藏，也可用于稀油油藏，现在也有用于页岩油藏提高采收率的注空气项目。

与注蒸汽开采相比，火驱优势明显，它具有适应油藏范围广、热利用率高、能耗和CO_2排放低、最终采收率高等特点。特别是对稠油开采而言，火驱是一种更加高效的开采方法，也是蒸汽驱后提高采收率的有效接替开采方法。应用实践表明，火驱稳产期长，驱油效率可达85%以上，最终采收率在50%~80%之间。

火驱采油机理如图1-1所示。在火驱过程中，通过燃烧油层中的部分重质原油能产生多种有利原油开采的效果，从而提高波及效率和采收率。油层燃烧

图1-1　火驱采油机理示意图

产生的热量使原油裂解、降黏，变得容易流动；原油燃烧产生的 CO_2、水蒸气等燃烧伴生气体和注入空气具有降黏和气/汽驱作用；油层燃烧热通过传导作用，能越过阻隔物进入非连通区，从而提高波及效率；油层燃烧还可减小油层各流动相之间的界面张力，改变油层的润湿性，改善流动能力；火驱正是依靠上述这些物理化学作用将油层中更多的原油，更高效、更环保地驱向生产井，进而被采出。

第一节　火驱技术发展现状

火驱采油技术始于 20 世纪初，兴于 40 年代末，在 90 年代后期，随着对火驱机理认识的提高和火驱工艺技术的发展，国内外越来越多的油田将该项技术用于稠油开采。世界范围内大约有 40 多个国家，共计 100 多个火驱项目，在近 300 个区块开展了火驱采油，平均日产原油 $3×10^4$bbl 左右。其中美国有 8 个火驱项目，日产油 6000bbl；加拿大有 3 个，日产油 6500bbl；罗马尼亚有 5 个，产油量超过其原油总产量的 10%；另外印度亦有 5 个火驱项目，原油采收率都达到了 55% 以上。罗马尼亚 Suplacu 油田的火驱项目是世界上规模最大的火驱项目，从 1964 年开始进行先导试验，后经历扩大试验和工业化应用，火驱高产稳产近 30 年，峰值产量为 1500~1600t/d，累计增产 $1500×10^4$t，取得了十分显著的经济效益。截至目前，Suplacu 油田的火驱开发仍在进行，日产原油约 1200t。

从 20 世纪 50 年代末开始，我国先后在新疆克拉玛依油田、玉门鸭儿峡油田、辽河科尔沁油田、胜利金家和高青油田、吉林扶余油田进行了火驱现场试验，获得了一定的生产效果和经验，但无论从机理认识，还是从技术水平、工艺配套方面来说，都远未达到火驱工业化应用的要求。近 20 年来，随着国内油田开发的不断深入和火驱配套工艺技术的不断发展，国内已有多家油田开展或重新开展了火驱采油实践，并取得了不错的效果。

20 世纪 90 年代，胜利油田在高渗透稠油油藏、低渗透稠油油藏、蒸汽吞吐后稠油油藏及敏感性稠油油藏中进行点火试验取得了成功，获得了较好的采油效果。2005年，辽河油田与尤尼斯公司合作，在杜66北块曙1-47-039井组和杜48块曙1-49-26井组开始火驱采油现场试验，试验井组7个，火驱井组产油量稳步上升，使国内火驱工艺技术得到进一步提高，促进了火驱技术在国内的开展。

从1958年至20世纪70年代后期，克拉玛依油田在黑油山区块开展了火驱试验，并在现场试验的基础上，进行了钢管模型、平面模型、燃烧釜、露头地层模型等模拟试验和理论研究，对各种模型的性能和驱油机理有了进一步的认识。在其中一次火驱试验中，先后在黑油山三区和四区的6个井组完成了燃烧试验，油层深度18～420m，进行了湿式燃烧及火水结合的火驱试验。采用的点火器有汽油点火器和电热点火器。但由于油藏条件、工艺设备和技术水平等原因，导致项目停止。

2009年，在红浅开展火驱先导试验项目。新疆油田许多稠油老区注蒸汽开采已进入后期，采出程度低，经济效益差，不能继续注蒸汽开采，因此于2009年开始在红浅1井区的一个注蒸汽开采后关闭的稠油油藏（八道湾油藏）实施直井火驱先导试验，以进一步提高采收率。红浅火驱先导试验部署了13个井组，采油井42口，火驱开采综合含水在70%左右，截至2017年底，阶段采出程度已超过30%，稠油注蒸汽后油藏转火驱开采又焕发了生机。2011年，在风城作业区又开展了水平井重力火驱试验，即THAI火驱，这是火驱与重力泄油相结合的一种开发方式，其布井方式是直井打开油层上部，注空气点火，水平井位于油层底部，作为泄油通道产油，如图1-2所示。水平井重力火驱的驱替距离短、热效率高，不仅适合普通稠油油藏，也适合特稠油、超稠油油藏，而直井火驱并不适合特稠油、超稠油油藏。

2016年开始实施红浅火驱工业化项目。红浅火驱工业化项目总体部署在红-1至红-3区块的八道湾组$J_1b_4^2$和齐古组$J_3q_3^2$，油层厚度大于6m，如图1-3所示。根据这些区块的前期生产情况，考虑目前压力系数较低，转火驱开发提高采收率。实行一套井网开发两层，即先火驱生产八道湾组，待八道湾组第一排生产井过火后，过火井再上返至齐古组火驱生产，形成八道湾组与齐古组同时生产的格局。预计八道湾组与齐古组相继火驱生产26年，动用地质储量

1520×10⁴t，预计年平均产油量 19.5×10⁴t，最终采收率达到 60% 左右。

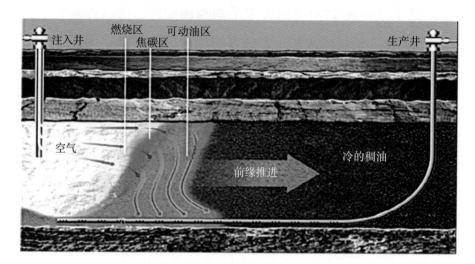

图 1-2 水平井重力火驱采油机理示意图

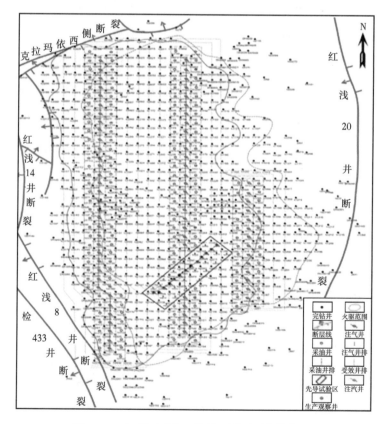

图 1-3 红浅火驱工业化开发部署井位图

第二节　点火技术发展现状

火驱点火并非一触即发，而是一个对油层逐渐加热的过程。当把油层升温到其燃点后才开始燃烧，但只有当火腔扩大到一定规模后，才可停止对油层加热，即停止点火，此后仅依靠油层自身的燃烧热量促使其不断燃烧。从开始点火到点火结束称作点火周期。对不同的油藏、使用不同的点火方法，其点火周期各有不同，但一般而言，点火周期都会持续数日或更长时间。

近一个世纪以来，国内外开展了众多火驱项目，进行了许多与点火相关的科学研究，并获得了不少对火驱矿场应用有指导意义的观点或认识，包括：原油氧化反应的活化能、初始储层温度、注入压力和注入氧浓度对点火时间的影响；通常油层的自燃温度在 350~400℃ 范围内；原油中的黏土可降低燃烧过程中的活化能，从而加速原油达到着火点；在对重质油油藏注空气自燃点火过程中，原始油层温度的高低对点火有很大影响，较高的原始油藏温度可大幅缩短点燃油层的时间；稠油从低温氧化转向高温氧化的表征，即燃烧特征，可以用表观 H/C 原子比来评判，其值在 1~3 范围时认为处于高温氧化状态，即燃烧状态；通过监测生产井的产出气体组分的变化是分析判断油层燃烧动态的切实有效方法。这些观点和认识对火驱点火时间的设计提供了重要参考和策略。

点火方式主要有自燃点火、化学点火、燃油点火、燃气点火和电点火等。自燃点火方式其实并没有真正意义的"点火"，它仅需向油层持续注入空气，使原油氧化放热，逐渐加热油层，进而发生燃烧，不需要复杂的点火设备，点火成本低。但对大多数的油藏而言，往往达不到将油层真正点燃的目的。为了改善自燃点火效果、缩短点火时间，通常可先向油层注入蒸汽将其升温，再注入空气。化学点火是利用化学助燃剂的氧化放热反应来加速原油氧化，进而加热油层使其燃烧，其点火工艺与自燃点火工艺接近，只是增加了化学助燃剂的注入，也不需要专用的井下点火设备，对井筒和管柱无特殊要求。为加速原油氧化，更快地点燃油层，往往需要先向油层注入蒸汽，将油层预热升温后再注入化学助燃剂和空气。在一些原始地层温度较高或结合蒸汽引效的火驱项目中，化学点火具有一定的优势，现在仍在使用，但点火过程难以把控。燃油点火和燃气点火类似，特点是功率大、点火速度快，但点火设备和作业复杂，安全风险较高。电点火以其可调、可控、可靠和点火成功率高等技术特点成为目前最主流的点火方式。

第二章　燃油点火与燃气点火

燃油点火与燃气点火的工艺原理类似，都需要将燃料从地面输至井下点火器，并在点火器内引燃，通过注入空气将燃烧热带入油层，而使油层升温燃烧；二者的主要区别在于使用的燃料不同，前者烧油，后者烧气。随着电点火技术的发展，燃油和燃气点火技术在自动化控制及安全管控方面存在弱势，因此现在使用较少。

第一节　燃油点火

一、工艺原理

对燃油点火方法的认识，经历了由浅入深的过程。开始时，将点着的浸油棉布抛入井中，试图把井内的汽油引燃来对油层点火；或采用在井口密闭点火，把燃烧气注入井下加热油层进行点火。实践证明，这两种方法都难以达到点燃油层的目的，最终才发展到将引火和燃烧加热都转入井下进行，即将点火器放在井下实施点火，同时加热油层。

燃油点火一般用汽油作燃料，简而言之其工艺原理就是喷灯的原理。它是利用地面设备，将汽油和空气通过管线压送至井下点火器，用火花塞将其引燃，燃烧热随烟气进入油层，进而加热并点燃油层。燃油点火的优点是发热量大，点燃油层速度快，不需要高容量电源；它的主要缺点是点火温度不易控制，特别是用于深井时，因油路长、压力高，引燃汽油及温度控制更难；火焰出口温度高，火力集中，易烧坏套管。由于高压下点燃汽油和燃烧控制难度很大，燃油点火方式一般仅适用于浅井点火。

二、燃油点火器

由于燃油和空气需按一定比例混合才能在点火器中实现燃烧，因此依据油气混合的位置不同，即在井下混合或在井上混合，可将燃油点火器分为有供油管点火器和无供油管点火器两种类型。

（1）有供油管点火器。注入的燃油和空气从地面到井下点火器之前都是分输的，即这种点火器有供油和供气两条管路，直到点火器的喷嘴处才进行油气混合、雾化、燃烧，如图2-1所示。

（2）无供油管点火器。注入的燃油和空气在井口就开始混输，即在井筒内无单独的供油管和供气管。为防止火焰上返，在燃烧室上部设有一根通径较小的加速管。油气进入点火器的喷嘴被再度雾化后参与燃烧，如图2-2所示。与有供油管点火器相比，无供油管点火器少一条管路，因此管柱结构稍简单，但汽油和空气在地面混合一起输到井下，调节和控制难度更大，安全风险更高。

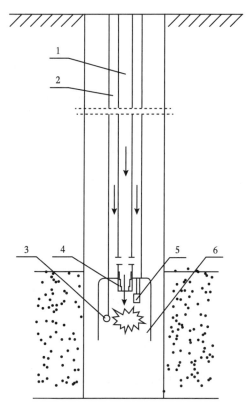

图2-1　有供油管点火器结构示意图

1—供油管；2—环空供气管；3—测温探头；
4—喷嘴；5—火花塞；6—燃烧室

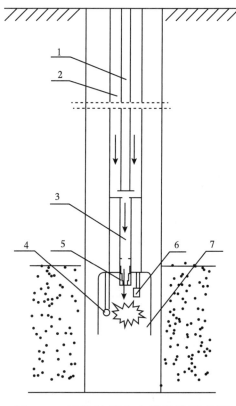

图2-2　无供油管点火器结构示意图

1—电缆通道；2—油气混输管；3—加速管；
4—测温探头；5—喷嘴；6—火花塞；7—燃烧室

三、工艺方法

燃油点火器的基本工艺过程是，把点火器下入点火井的预定位置后，从油管、套管同时注气（俗称一次风、二次风），将井液挤进油层，并将油层注通；点火时，先调节风量至设计点火注气量，待注气稳定后才开始供油，并通电引火；引燃后，调节油量、风量，使之稳定燃烧；燃烧稳定后，停止引火，转入加热油层的点火阶段。

新疆油田在1950年代开始的黑油山火烧油层项目中，用燃油点火器分别点燃了9个100～410m的浅井井组，点火温度700～800℃，点火压力2.4～7.5MPa，点火时间46～124h。通过这次点火实践，得到了一些使用燃油点火器的体会和经验：

（1）点火器应下至射孔段顶部以上200～500mm处，并注气防止油淹点火器。

（2）引火时，宜用小风量（但井下喷嘴流速不应小于10m/s）和小油量6～8L/h，总风油比控制在20m³/L左右；正常燃烧时，井下喷嘴流速不应小于40m/s，总风油比在25～35m³/L之间，中、下部温度控制在700～800℃之间，上部温度不宜超过200℃。

（3）调控温度时，采用改变油量或风量的方法都能实现，但以稳定油量、调节风量较灵敏可靠。若上部温度过高，采用加大一次风、稳定二次风的降温方法较有效；若中、下部温度过高，采用加大二次风、稳定或适当增加一次风的方法较好。在升温过程中，采用适当增加油量，逐渐增大点火器发热功率的做法较稳妥。油量和风量的调节需平稳。

（4）在加热油层过程中，油层有一个吸气能力下降、压力升高的过程。此时若操作不当，易造成火焰上返，甚至烧坏井下结构和点火设备。对此类情况，应及时采取降油、适当降风措施较好。在点火前进行试注，充分疏通或连通油层，可有效避免或减少在加热油层过程中出现压力异常升高或缩短高压的延续时间。

（5）点燃油层所需预热量与油层的密封性、岩性、物理性质和点火器的发热功率等相关。一般而言，所需预热量等于预热半径为 1.5m 的油层达到 500℃时热量的 1.5 倍或每米油层具有 200 万大卡的热量，就足以点燃油层。

第二节　燃气点火

燃气点火一般用天然气做燃料，它的点火器及管柱结构与燃油点火器及管柱结构相似，下入井内的点火器也用火花塞引燃。由于天然气不能像汽油那样存放，点火时需要在井场配置天然气源，比如配置天然气输送管线或天然气压缩罐等，所以燃气点火的工艺设施相对复杂。

它的基本工艺方法是，先将天然气和空气分别升压、计量，再注入井下点火器，混合雾化后将其引燃，利用燃烧烟气将热量带进油层使其升温燃烧。天然气与空气的混比为 3%左右，控制在爆炸下限 5%以内。与燃油点火类似，燃气点火主要用于浅井点火，主要特点是发热量大，点火速度快，不需要高容量电源，但火焰出口温度高，火力集中，温度不易控制，易烧坏套管，特别是高压下控制难度大。罗马尼亚的火驱项目曾普遍采用燃气点火技术，如图 2-3 所示的罗马尼亚燃气点火现场。

（a）井场注天然气、空气管汇　　　　　（b）天然气压缩罐

图 2-3　罗马尼亚火驱项目燃气点火现场

第三章 电点火

电点火是利用井下电点火器将电能转化为热能，并通过注入空气将热量带进油层，使其升温燃烧。电点火器其实就是一个特制的适应油井井下工况的电加热器，是最关键的点火工艺设备之一。设计电点火器时，需要考虑点火器的功率大小、耐温能力、承压能力，以及点火器外形与井身结构的适应性和便于施工作业等因素。因此，需要依据火驱油层的物理性质参数，特别是油层的燃点、地层压力以及井身结构参数等进行设计或选择。油层的燃点可通过对油藏的物理模型实验得到。为满足在给定注气量条件下点燃油层，点火器的发热功率应确保其出口的空气温度大于油层燃点，再考虑到点火器的发热效率和附加余量等因素，便可确定点火器的额定功率大小和耐温级别。综合考虑地层破裂压力、注气压力和生产压力等因素，便可确定点火器的耐压级别。在国内，早期使用的电点火器有硅碳棒点火器和电热管点火器两种。硅碳棒点火器的棒质脆、易碰断，在20世纪70年代后期逐渐停用。电热管点火器是将发热电阻丝封装在金属电热管内，并充填结晶氧化镁用以绝缘和传热，不易碰损，使用寿命较长。电热管点火器通常有单管、双管和三管等不同的结构形式。早期的电热管点火器整体长度约4m，点火功率10~25kW，耐温大于600℃。从2008年开始，新疆油田在红浅火驱先导试验中，自主研发的电热管点火器采用了新的结构设计，点火功率达到50kW以上。特别是近几年来，新材料和新工艺的使用，促进了电点火器的结构优化，技术性能指标达到了更高的水平；比如用新型矿物发热缆制造的电点火器，功率密度大幅提高，相同功率相比，体积减小到原来的十分之一，可从油管内带压提下；而采用整体拉拔工艺制造的一体式点火电缆，完全改变了电点火器曾经的结构形式，不仅其技术性能指标大幅提高，还使其配套的点火工艺设备得到改进和提升，作业流程得以简化，作业更加安全高效。

电点火因其结构、工艺不同，没有统一分类，本章依据点火器结构、点火器与电缆的连接以及点火施工工艺特点，将其分为对接式电点火、固定式电点火、井架式电点火、车载式电点火和一体式电点火。

第一节 对接式电点火

对接式电点火技术是早期研究应用的一种电点火技术。新疆油田在 20 世纪 60 年代、胜利油田在 20 世纪 90 年代先后研制了对接式电点火器。虽然两家点火器的具体结构有所不同，但其基本原理和工艺是相同的。

一、工艺原理

所谓"对接"，是指点火器与电缆在入井前相互不连接，待入井到位后才将其对接。对接式电点火的工艺原理是，先将点火器连接在油管柱最下端，点火器上设计有专门的连接头，用油管柱将点火器下至点火层位；电缆带有相应的对接头，通过井口从油管内下入与井下点火器对接，实现电缆与点火器的连接供电；然后从油套环空注入空气，通电点火，点火结束后，点火电缆和对接头可从井内提出再次使用。

在这种点火方式中，由于点火电缆置于油管柱内，与油套环空的注气高压隔离，使其处于常压工作环境。这有利于电缆的提下作业和长期使用，也利于降低电缆制造难度和成本；同时，也使点火电缆通过井口装置的密封工艺变得更简单，不存在高压动密封工况，更容易确保井口的密封。但是，为便于实现电缆连接头与井下点火器自行插接，其接口必须裸露，因此在下入过程中，接口易受到管内落物污染，加之插接的紧实程度不够高，在进行大功率点火过程中，对接头发热较严重，甚至达到对接头或电缆烧坏的程度。因此，这种点火方式对电缆、接头的结构设计和点火管柱内部的清洁程度都有较高的要求。

二、工艺设备

对接式电点火装备如图 3-1 所示，主要组成部分有点火器、点火电缆、电控设备和提下设备等。点火电缆包含点火器的动力线和测温信号线，并在电缆的前端装有与点火器连接头相配的对接头和便于电缆下入的配重管。点火电缆除了向点火器输送电能外，还同时向地面传输井底测温信号。由于动力线的交流电压、电流较大，会产生很强的感应磁场，对测温信号形成干扰，因此在电缆的结构和制造工艺上必须做好强弱电间的屏蔽处理。由于仅从油套环空注入空气而油管内未注气，使得空气不能从点火器内部向外流出与点火器进行更充分的接触，从而降低了空气与点火器的热交换效率，为此可在点火器井段的油套环空内设置扰流板，用于提高换热效率。

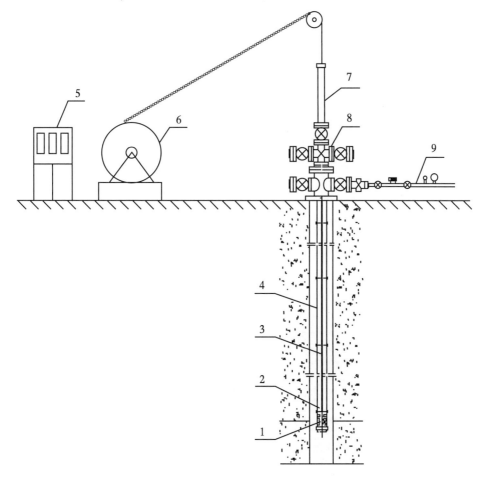

图 3-1 对接式电点火装备示意图

1—点火器；2—对接头；3—点火电缆；4—油管柱；5—电控装置；
6—电缆绞车；7—防喷管；8—井口装置；9—注空气管线

绞车是主要的提下设备，同时用吊车等辅助设备作为载荷支承。虽然在提下电缆作业时，井口不存在高压动密封，但仍然在井口加装了防喷管，这不仅起到防止落物的作用，更重要的是加强了井口的密封可靠性。

三、作业工序

对接式电点火的作业工序如下：

（1）下点火管柱。将点火器连接在油管柱最下端，下入设计深度。要求油管内壁清洁，接头连接紧密，防井液漏入油管内；井口防落物掉入管内污染点火器的对接头。

（2）连接井口注气管汇和计量、监测仪表，安装提下设备和点火电控设备。

（3）下点火电缆。在点火电缆前端安装连接头和加重管，从油管内下入，与点火器对接连通，并检测调试正常。

（4）向井内注气。从套管注入，把油套环空的修井液挤入油层。

（5）通电点火。确认地层吸气正常、油管柱连接螺纹密封可靠后，通电点火。点火功率应逐渐提高，避免因升温过快导致点火器损坏。

（6）停止点火。通过产出物监测，确认油层燃烧后，停止点火，但需保持注气状态。

第二节　固定式电点火

固定式电点火是用油管柱将电点火器下入井下，通过外接地面的点火电缆使点火器发热，同时注入空气将油层点燃。点火完成后，因要保持连续注气，不能进行提管柱作业，所以点火器和点火电缆均留在井内，不能再次使用。固定式电点火的主要工艺设备及技术包括点火器、点火器与电缆的连接、管柱、井口电缆穿越及点火器的入井作业等，工艺技术难点在于研制适合于井下空间、高温、高压工况的大功率点火器，点火器与电缆连接头的高压密封和高温绝缘能力，以及电缆穿越井口的密封工艺等。固定式电点火采用了比较传统的工艺技术，在配套工艺设备水平不高的条件下，不失为一种比较可靠，而且在工艺上容易实现的方法。

一、固定式点火器

新疆油田自主研发的固定式电点火器为三管式点火器，如图3-2、图3-3所示。主要组成部件有电热管、测温探头、护管、接线盒、中心管和悬挂接头等。

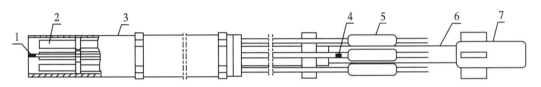

图3-2　固定式点火器结构示意图

1—热端测温探头；2—电热管；3—护管；4—冷端测温探头；5—接线盒；6—中心管；7—悬挂接头

图3-3　固定式点火器实物照片

电热管采用防腐耐温金属材料作外管，内置电阻丝并填充结晶氧化镁用以绝缘和传热。在多管结构中，每支电热管的额定功率应相同，以使点火过程中的每相电压电流保持平衡，利于点火系统设备的正常使用。在点火器的热端和冷端分别设置测温探头。热端测温探头用于测取点火器出口的空气温度，并将该温度用作点火功率的自动调控变量，以确保在设定点火温度范围内平稳点火。冷端测温探头用于测取接线盒附近的环空温度，该温度不得超过接线盒的允许温度，若出现超温，应加大注气量或调低点火功率。为确保点火电缆和点火器的连接头能在井下高压、井液环境下可靠绝缘，需要将其封装在金属接线盒内，并向盒内注胶密封。另外，为利于点火器与注入空气进行热交换，应使点火器在井内保持居中，因此在点火器的护管和悬挂接头上设置有扶正结构。

新疆油田在红浅火驱先导试验项目中研制的 DH50-15/550 型固定式电点火器，额定功率 50kW，在点火注气速度为 5000m³/d 的条件下，点火器出口温度可保持 450℃左右，耐温达到 550℃以上，耐压 15MPa，总长约 10m，最大外径 146mm，适合在 7in 套管内进行点火作业。

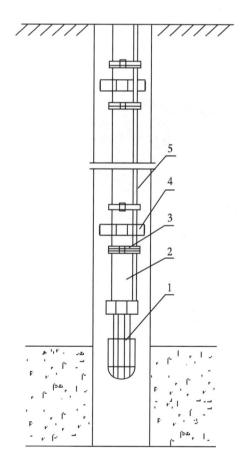

图 3-4　点火管柱结构示意图
1—点火器；2—油管柱；3—扎带；
4—扶正器；5—点火电缆

二、点火管柱

固定式电点火器是用油管柱将其下入井下点火位置，点火管柱包括固定式电点火器、油管柱、扶正器、点火电缆和扎带等，如图 3-4 所示。固定式电点火器位于点火管柱的最下端，通过悬挂接头与油管柱连接。点火器的动力线和信号线，即点火电缆，用扎带捆绑在油管柱外壁上，穿出井口后与地面控制设备相连。为避免点火电缆在下入过程中被管柱挤碰，导致断裂等损伤，需要在每个油管接箍处安装扶正器。扶正器的外围有多个纵向凹槽，这些凹槽既是点火电缆的布线通道，也是注气点火的空气流道。

在确定点火器的下入位置时，考虑到油层上部的超覆燃烧，可能会引起点火器冷端温度过高而损坏电缆接头，因此，不宜将点火器下入点火层位过深。在确定点火管柱长度时，能保证将点火器前端下至目标油层顶界以下 1m 左右的位置即可，以避开油层燃烧对点火器冷端接头及点火电缆的炙烤。

三、点火器与电缆连接

点火器与电缆连接必须使其在井下工况和入井作业过程中的耐压密封绝缘。为确保点火器与电缆接头能够适应井下高温、高压和井液工况，可将电线接头封装在金属连接头内，并注入耐高温绝缘胶进行密封。连接头耐液压能力应大于 1.5 倍的点火工况压力，以确保其内部密封绝缘。

1. 连接头结构

电缆的动力线和信号线的连接头结构基本相同，只是因为线径不同使其密封件的尺寸有些差别。连接头由下接头、上接头、盘根（密封填料）和压帽组成，如图 3-5 所示。下接头的一端与点火器引出端外管焊接，另一端为连接外螺纹，螺纹端部有盘根（密封填料）密封；点火器的引出线从下接头中引出，引出线端部焊接接线柱，接线柱上有外螺纹。上接头的下端为连接内螺纹，并有盘根（密封填料）密封台阶，与下接头连接压紧；中部有接线腔，用于容纳电线接头；连接腔中部有一内外相通的注胶孔；上端有电缆孔和填料腔；用压帽将填料压紧，以密封电缆与连接头。

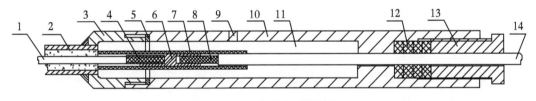

图 3-5　连接头结构示意图

1—点火器引出线；2—点火器引出端外管；3—下接头；4—接线柱；5—盘根（密封填料）；
6—连接铜套；7—绝缘胶管；8—电缆芯线；9—注胶孔；10—上接头；11—接线腔；
12—填料；13—压帽；14—动力电缆或信号线

2. 动力电缆连接

动力电缆为单芯同轴矿物电缆，外包金属铠，用结晶氧化镁作绝缘层，耐温和防腐能力强，每一根动力电缆都单独使用一个连接头。连接前，备好耐温绝缘胶管、热缩胶管和连接铜套。连接铜套的尺寸规格应与接线腔的空间尺寸相匹配，便于接线和容纳。铜套的一端带有内螺纹，与点火器接线柱的外螺纹相连接；另一端有沉孔，孔径略大于动力线的截面直径，便于插接；如图3-5所示。

3. 信号电缆连接

信号电缆是多芯信号缆，因其线芯直径较小可共用一个连接头。连接前，备好电缆封头、耐温绝缘胶、芯线定位片以及与芯线粗细相当的耐温绝缘胶管、热缩胶管和包线铜套等材料。依次将电缆连接器的压帽、填料、上接头穿到准备连接的信号电缆上；剥出电缆芯线，装上电缆封头，用耐温绝缘胶填充封头将各芯线分隔开，再装上芯线定位片；然后给每根芯线穿上高温绝缘胶管和包线铜套，将两端连接芯线对插进包线铜套，用压线钳将铜套夹紧，再将耐温绝缘胶管套住裸露的包线铜套；最后将穿在电缆上的上接头与下接头旋紧、用压帽压紧填料，完成连接。

四、点火器入井作业

点火器入井作业是按常规小修作业设计的，小修设备配套吊车，增加了点火器与点火电缆的连接和捆绑。基本作业方法是在敞开井口的条件下，用油管柱下入点火器，下入过程中把点火电缆捆绑在油管柱上随点火器一同下入，下入到位后，将点火电缆穿过井口的电缆密封结构，最后再坐好井口装置。

（1）排放电缆准备。点火电缆一般由多根电缆组成，包括3根动力线和一根多芯测温信号线，如果放线不同步或电缆间发生缠绕，则易造成电缆打扭和折断，利用该设施能够实现多个电缆盘同步放线和并排走线，简易的排式放线设施包括分线器和排线滚筒，如图3-6所示。

（2）在油管接箍上装好电缆防护器。为了保护入井点火电缆不受挤碰，在每根油管的接箍上都应安装一个电缆防护器。电缆防护器结构如图3-7所示，凹槽用于过电缆和提供空气流道。应事先在油管接箍上车出外螺纹，在电缆防护器的内环上车出内螺纹，装电缆防护器时可同时用金属胶加以固定，以防下入过程中脱扣。

（3）点火器的入井作业流程。

①洗井、压井。要求清除井筒积油，确保井口无回压。

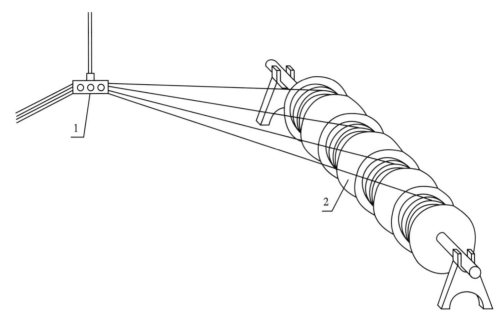

图 3-6　简易排式放线设施

1—分线器；2—排线滚筒

②下入点火器和点火电缆。用油管柱下入点火器和点火电缆，点火器位于油管柱的最前端，用扎带将点火电缆固定在油管柱外壁上随管柱一起下入，如图 3-8 所示。下入过程中，应确保电缆置于电缆防护器的凹槽中，防打扭、碰损和断脱，下入途中应适时对电缆进行测试，确认电缆完好，若出现问题，应将其提出修复或更换。

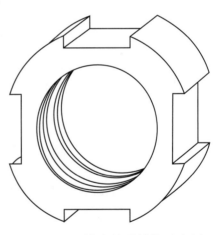

图 3-7　电缆防护器结构示意图

③点火电缆穿过井口装置。点火器下到设计位置后，点火电缆须通过井口装置的电缆密封结构引出。电缆密封结构一般设置在紧靠大四通的套管旁通上，这样可使点火电缆在通过井口时的弯折距离更短，便于通过。电缆密封结构的密封压力须与井口装置的承压级别相当。

④井口管汇仪表与点火控制设备连接并调试正常。

19

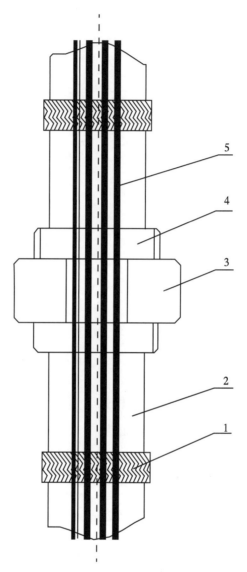

图 3-8　用扎带将点火电缆固定在油管柱外壁上

1—电缆扎带；2—油管；3—电缆防护器；4—油管接箍；5—点火电缆

第三节　井架式电点火

　　井架式电点火工艺是用井架做载荷支撑，用点火电缆将点火器从油管内下至油层进行点火，在点火结束后，可将点火器提出再次使用。与固定式电点火工艺的主要区别在于，点火器用点火电缆下入而不是用油管柱下入；点火后，点火器可提出再次使用。这种点火工艺在技术上要解决的首要问题是点火器的大功率小型化问题，即在保证足够大的点火功率前提下，使其小到能够从油管内通过。传统的电热管点火器难以满足这一要求。

井架式电点火的工艺设备从功能上分为六个组成部分，包括点火器、点火电缆、井架、绞车、电控设备和防喷管。但为便于搬迁安装，将这六个部分装配成了提升井架、电缆绞车和电控室三个橇装件，如图3-9所示。

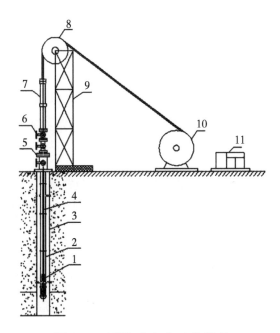

图3-9　可取式点火工艺设备

1—点火器；2—油管柱；3—套管；4—点火电缆；5—井口装置；6—井口装置顶阀；
7—防喷管；8—电缆滚轮；9—支撑井架；10—电缆绞车；11—点火控制装置

一、矿物缆电点火器

点火器的发热材料采用了矿物发热电缆，这种发热缆的发热功率可达300W/m。矿物发热电缆内部绝缘材料为氧化镁，在温度2000℃时，仍然能保持稳定的绝缘性能；它的发热丝材料一般为铁铬铝合金、镍铬合金，耐温可达1200℃以上；电缆护套材料为310S不锈钢，其熔点超过1000℃，工作温度等级可高达800℃。这种发热电缆具有发热均匀、功率密度大、机械强度高、耐扭绞、耐油、耐酸碱、耐腐蚀、耐老化等特点。

矿物缆电点火器的结构组成包括发热体、护管、测温元件和连接头等部分，如图3-10、图3-11所示。发热体由三根矿物发热电缆按适当间距螺旋绕制而成，采用螺旋绕制可增大点火器的发热密度，缩小点火器总成体积。三根矿物发热缆的长度相同，使点火器三相负载平衡，利于提高点火器的使用寿命。点火器的输入电源采用三相四线制，连接成三角型负载或星型负载均可。点火器护管选用不锈钢材质，制作成蜂窝眼筛管形式，既利于热对流，又防腐、防碰撞，起到保护发热体的作用；头部为引鞋结构，便于点火器入井。与固定式点火器类似，在点火器的两端各设一个测温点（热电阻或热电偶），分别检测点火器的冷热端温度，以防热流上返和确保点火器出口空气温度处于设定点火温度范围。连接头一端与点火器主体上肩头焊接，另一端为接线腔，并有TBG（美国API标准制定的油管螺纹的扣型代号）螺纹；接线腔内部为负载电源线、控温信号线的连接端口，连接完成后，接线腔内灌注密封胶，起绝缘保护作用。点火器的额定功率50kW，工作温度不高于600℃，工作压力不高于10MPa，最大外径φ65mm，整体长度4m，适应油管3½TBG。

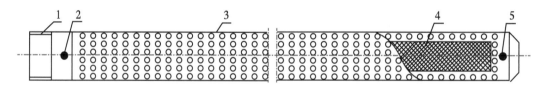

图3-10　矿物缆电点火器结构示意图

1—连接头；2—冷端测温元件；3—护管；4—发热体；5—热端测温元件

图3-11　矿物缆电点火器实物照片

对点火器的质量检验应依次进行耐液压和耐电压检验，以确保液压之后点火器的电气性能满足要求。耐液压检验应将点火器整体置于密闭容器内，试验压力应为点火器额定工作压力的1.5倍，稳压不少于10min，试压后对地绝缘电阻应大于200MΩ。耐电压检验的测试电压应不小于2000V，持续1min，不击穿为合格。

二、点火电缆

井架式点火工艺使用的点火电缆既是点火器的电力和监控信号传输电缆，也是点火器的提下电缆。因此，该电缆应能适应强弱电混输和滚筒收卷，并具有足够的机械强度。

点火电缆的基本结构如图 3-12 所示，包括三相动力线和三组信号线、加强钢丝、绝缘层、屏蔽层、填充物以及护套等。电缆的每根线芯外均包裹绝缘层，每组信号线外再包裹屏蔽层，承载钢丝置于电缆中心，动力线与信号线间隔分布，并与填充物一起围绕加强钢丝绞合。电缆有内、外两层护套，外护套为耐油、耐腐橡胶。内护套为软性绝缘物包裹层；内、外护套之间有金属网，以增强其抗撕扯性能。

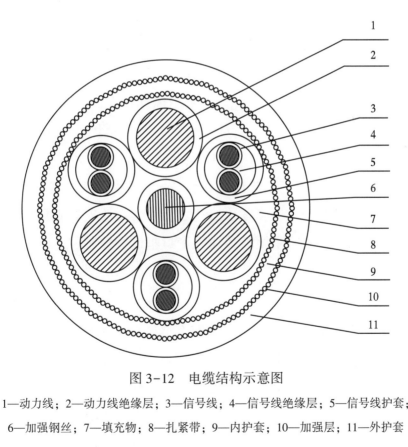

图 3-12 电缆结构示意图

1—动力线；2—动力线绝缘层；3—信号线；4—信号线绝缘层；5—信号线护套；
6—加强钢丝；7—填充物；8—扎紧带；9—内护套；10—加强层；11—外护套

23

为确保点火电缆在井筒高压工况下的绝缘性能，动力线绝缘电阻应不小于200MΩ/km，信号线绝缘电阻不小于100MΩ/km。为便于电缆过井口密封和适合滚筒收卷，成缆外径应尽可能小，最小弯曲半径应与滚筒直径相适应。为确保电缆的承载能力，其最大抗拉载荷应不小于点火器和电缆总重量的2倍。

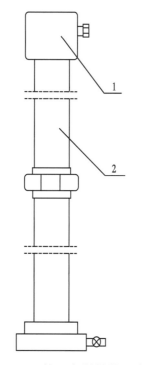

图3-13 井口密封结构示意图
1—密封头；2—防喷管

三、井口密封

由于点火结束后要带压提出点火器，因此，井口应能实现对点火电缆的高压动密封，以确保在提出过程中井内压力不外泄。依据点火电缆和点火器的结构特点和提下工艺要求，井口密封可采用密封头加防喷管的方法来实现，如图3-13所示。密封头通常采用填料密封和液封的二次密封结构形式，以加强密封能力。防喷管可以用一支单管，也可用多管连接而成，视点火器的具体长度而定。若采用多管连接，其接头一般采用球面由壬连接形式，不仅连接简单，且有一定的调偏范围，这利于防喷管与井口的对中安装。防喷管空腔总长度应大于点火器长度0.5~1m，以便将点火器置于防喷管内进行提下作业。防喷管坐于井口装置顶法兰之上，密封头安装在防喷管顶端。若密封头出现泄漏，可通过压紧填料或注入密封脂进行控制。

四、提下设备

提下设备包括提升井架、电缆绞车两个橇装件，如图3-14所示。提下点火器的工艺原理是用提升井架作支撑，利用电缆绞车提下点火电缆和点火器；下入时，在井口无压力的情况下，依靠点火器和点火电缆自重，将其下放至点火层位；点火后，利用电缆绞车和井口防喷管实现带压提出点火器。

提升井架可采用钢管或槽钢制作，顶部安装有电缆滚轮，并设有顶部工作

图 3-14　井架式电点火提下设备

平台、中部工作平台、爬梯、护栏和绷绳等。井架高度取决于井口装置的高度和防喷管的高度，并留有 0.5~1m 的提升余量。为便于搬迁安装，井架可做成分段组装结构。为便于提下作业和开关井口阀门，提升井架应安装在井口装置的后面，背对井口阀门位置，并使点火电缆绕过滚轮后能与井口装置的主通径垂直对中。

电缆绞车应满足提下载荷能力及速度控制要求。主要组成部分有电缆滚筒、动力装置、传动机构和制动机构等。另外，应配有计数装置，以确认电缆的提下深度。在正常使用过程中，点火器和防喷管与点火电缆连接在一起，与绞车一同存放和搬迁。

五、点火器提下作业

作业前，按设计要求更换点火管柱和井口装置。提下点火器的作业工序如下：

（1）井架安装。将支撑井架安装在点火井井口装置的后面，背对井口阀门位置，并使点火电缆绕过滚轮后能与井口装置的主通径垂直对中。

（2）压井。向井内注入适当密度的液体以平衡地层压力，使井口压力值为零。

（3）防喷管和点火器安装。将连接在点火电缆前端的点火器置于防喷管内，然后将防喷管安装在井口装置上。

（4）下入点火器。打开井口装置顶部阀门，松开电缆绞车，利用点火器和点火电缆自重将点火器下放至点火层位。

（5）提出点火器。点火停止后，继续保持点火注气量不变，即在井口带压条件下，利用电缆绞车将点火器提至井口防喷管内，然后关闭井口装置顶部阀门，将防喷管和点火器一同取下。由于是带压提出点火器，保持了不间断注气，所以，提出点火器过程不会对油层的燃烧状态造成影响。

第四节　车载式电点火

与固定式和井架式电点火技术相比，车载式电点火技术在工艺装备上有了很大提升，不仅增加了电缆注入头，还将点火器、点火电缆、绞车和提下设备都集成装配到车载平台上，如图 3-15 所示，不仅实现了带压提出点火器，还可带压下入点火器，提高了点火设备的机动性能，减少了现场设备组装等作业

图 3-15　车载式电点火装备

环节，大大降低了劳动强度，减少了作业时间。

一、点火器

车载式电点火装备使用的点火器与井架式电点火装备使用的点火器相同，都是矿物发热缆点火器，其结构尺寸和技术指标均未做改变，额定功率50kW，工作温度不高于600℃，工作压力不大于10MPa，最大外径ϕ65mm，整体长度4000mm。但是，车载式电点火装备的点火器与电缆的连接方式不同，是通过一个连接头来实现的，这便于在点火器损坏后进行更换；而井架式电点火装备的电缆和点火器的连接采用先压接，再将其置于金属管内注胶封装的死连接方式，不利于点火器的更换。

车载式电点火装备的连接头不仅要起到连接点火器和电缆的作用，还要确保电线接头在井下高压气、液环境中的密封绝缘。连接头主要由上接头、下接头和接线盒三部分组成，如图3-16所示，上接头通过卡瓦结构和"O"型密封件与点火电缆连接；下接头通过油管螺纹与点火器连接。接线盒两端通过油管螺纹和密封垫圈分别与上接头、下接头连接，中部即为容纳电线接头的接线腔。连接方法如下：

（1）将上接头穿在点火电缆上，将下接头装在点火器上。

（2）依据接线腔的长度确定好电线接头位置，使得连接完成后各电线接头能全部容纳在接线腔内。点火电缆各线芯与点火器引线的连接通常采用铜管压接，再外套热缩管。这种方法简便易行，满足各电线接头间的绝缘要求。

（3）将上接头、下接头与接线盒拧紧，确认电线接头能全部容纳在接线

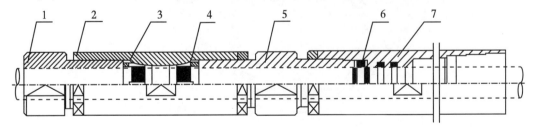

图3-16　车载式点火装备电缆连接头结构示意图

1—上接头；2—背紧螺母；3—卡瓦座；4—卡瓦；5—中接头；6—密封圈；7—下接头

腔内，再拧紧上接头的背紧螺母，使卡瓦锁紧在点火电缆上，完成连接。

（4）当点火器损坏需要更换时，应先拧开背紧螺母，再拆卸上接头、下接头，松开卡瓦，最后剪断电线接头，更换点火器，再按照上述步骤重新连接即可。

二、点火电缆

车载式点火电缆是一种特制的复合铠装电缆，它不仅要满足电力和信号的传输要求，还要能适应注入头夹持挤压和滚筒收卷作业的要求，因此点火电缆的机械性能应刚柔兼具，既要具备能承受注入头反复挤压的机械强度和表面硬度，又要具备被滚筒卷曲的柔韧性。电缆结构如图3-17所示，包括三相动力线和两组三芯信号线；信号线设有屏蔽层，避免动力线对其产生的电磁干扰；线间包缠或充填高密度柔性绝缘物，并用硅胶护套包裹，以改善电缆的弹性弯曲性能适应滚筒收卷；最外层为金属铠层，它采用不锈钢卷包、冷焊、滚轧一次成型工艺，其机械强度和耐蚀性能与同尺寸不锈钢连续管相当，适应注入头提下作业。

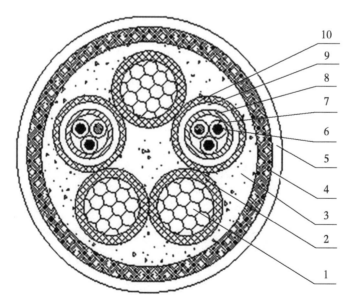

图3-17　复合铠装点火电缆结构示意图

1—动力线；2—分色绝缘层；3—填充物；4—硅胶护套；5—外铠；

6—信号线；7—分色绝缘层；8—F4胶带；9—屏蔽层；10—绝缘层

点火电缆与注入头的配合工艺和电缆结构材料的性能指标，决定了点火电缆的基本结构形式和性能参数。新疆油田研制的复合铠装点火电缆的外铠厚2mm，电缆外径31.75mm，最小弯曲半径500mm，耐液压大于10MPa，耐温大于120℃。

三、提下设备

提下设备包括电缆注入头、电缆绞车、支承架等部分，用于带压下入和提出点火器。提下点火器时，由注入头提供动力，电缆绞车辅助完成放缆或收缆，并由二者协同控制提下速度；井口的密封工艺与井架式电点火的井口密封工艺相同，采用密封头与防喷管组合的密封形式，只是由于点火电缆的外径不同，使得密封件的规格有所不同。

电缆注入头是带压提下点火器和电缆必不可少的设备。在井内有压力的情况下，仅靠点火器和电缆的自重不能将其下入，必须施加额外的推力才能完成下入作业。电缆注入头可以给电缆施加推力或拉力，从而实现点火器和电缆的下入或提出。点火电缆注入头的设计借鉴了连续油管注入头的工艺原理，采用链式夹持块施力结构，它由两组相向转动的链轮驱动两条带有夹持块的链条，点火电缆被夹持在两链条中间，利用摩擦力实现对电缆的下入和提拉。考虑到电缆注入头提拉的载荷较小，新疆油田公司研制的电缆注入头在结构上进行了优化，如图3-18所示，将马达和减速器做成一体，简化了传动结构，降低了注入头的制造难度和制造成本。它的额定功率为8.5kW，提下速度5~10m/min，适应电缆规格1.25in、最大提下深度800m。

电缆绞车的作用是协同注入头完成电缆的收卷。由于车载点火电缆为金属铠装电缆，铠层厚度一般超过2mm，有较高的刚度，在收卷过程中，这种金属铠装电缆若依靠人力排缆比较困难，所以不仅要求绞车具备较大的动力或力矩输出，还应具备自动排缆功能。电缆绞车的基本结构组成如图3-19所示，主要包括底座、活动支架、滚筒、排缆器、液压马达、传动机构等部分。底座上有两个水平油缸，可推动活动支架左右移动，安装滚筒时，先将活动支架推开，将滚筒吊装到两支架中间，穿上滚筒轴，使支架复位，最后拧紧紧固螺

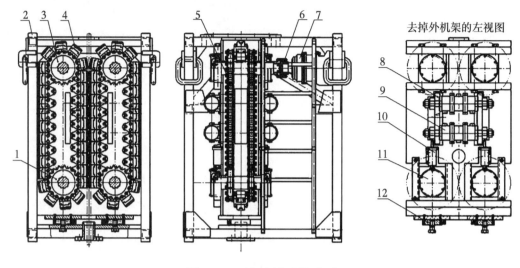

图 3-18 液控链式注入头

1—从动链轮；2—外机架；3—主动链轮；4—夹持块；5—滚子链；6—联轴器；7—马达减速机；
8—夹紧板；9—夹紧油缸；10—链条张紧油缸；11—从动轮轴承盒；12—轮辐式测力计

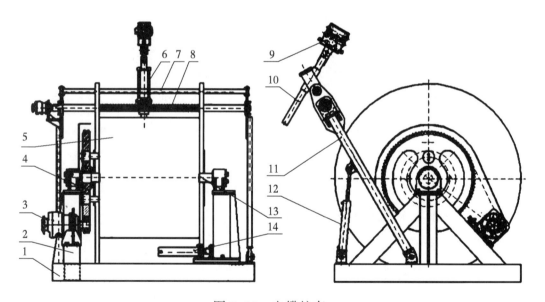

图 3-19 电缆绞车

1—底座；2—固定支腿；3—滚筒马达；4—大链轮；5—滚筒；6—导向支座；7—导向杆；
8—往复丝杆；9—导向轮；10—支撑杆；11—摆臂；12—推斜油缸；13—滚筒轴；14—水平油缸

栓。排缆器主要由摆臂、推斜油缸、往复丝杆、导向杆、导向轮等部件组成。
摆臂可在推斜油缸的作用下绕其支座摆动，导向轮可在定位管内轴向移动，这使得排缆器能适应不同的井架高度，并能在作业过程中自我调整以适应滚筒直径的变化。提下作业时，电缆穿过导向轮，导向轮在往复丝杆的驱动下沿滚筒轴向运动，从而使电缆沿滚筒轴向整齐排列。

电缆绞车的液力系统分别由两个液压马达控制，一个驱动电缆滚筒，一个驱动排缆器往复丝杆。驱动滚筒的马达为液压缓释型马达，这为电缆的提下作业提供了又一重安全保障，即使注入头夹持块意外脱载，电缆也不会失控滑脱，滚筒马达能起到辅助制动作用。电缆滚筒的转速由调速阀控制，要求做到滚筒的收放缆速度与注入头的提、下缆速度同步。因此，还配置有绞车与注入头协同液控系统，使二者的收放缆速度自动同步。新疆油田研制的车载式电点火装备的绞车滚筒容量按铠装电缆的实际长度和外径大小设计，可容纳800m长度的1.25in铠装电缆；收放缆速度0~10m/min可调，满足提下作业速度调节要求；输出力矩大于5000N·m，满足最大提下载荷要求。

支承架在提下过程中提供载荷支承，要求具有足够的刚度和强度。为便于收放电缆和搬迁安装，支承架顶部应有鹅颈结构，整体能折叠收放，并位于车体尾部，其结构及收放状态如图3-20所示。支承架的高度应针对点火器的提升高度设计，主要与点火器长度、防喷管高度和井口装置高度相关。新疆油田研制的第一代车载点火装备的支承架打开总高度约10m，可实现液压两截折叠，适应点火器长度4m、防喷管长度4.5~5m、井口高度不大于1.6m、额定提下载荷50kN。

图3-20 支承架结构及收放状态

四、提下作业

由于车载式电点火装备具有带压提下点火器功能，所以在提下点火器之前无需压井和敞开井口作业，使得作业更加简便安全。为了避免在下入过程中因连接头密封失效，发生井液侵入导致电路故障，或在后续点火过程中发生井筒燃烧，损坏井下点火器和电缆等故障，应在下入点火器之前进行洗井作业，去除井内积油，并将井液全部挤进地层，即排空井筒。提下作业工序及要求如下：

（1）安装防喷管。安装前，确认防喷管内的点火器与点火电缆连接正常；安装后，确认各连接部位密封可靠，密封压力应与井口装置的压力级别相当。

（2）洗井和试注。循环洗井清除井筒积油，再试注空气将井液挤进地层，直到井口注气压力稳定。

（3）下入点火器。当油套压稳定、地层吸气正常后，便可带压将点火器下放至设计点火位置。

（4）提出点火器。点火结束后，保持正常注气，借助防喷管可带压将点火器提出。

第五节　一体式电点火

一体式电点火技术是在总结了前述几种电点火方法优缺点之后形成的最新一代点火技术。它集中了前几种点火方式的优点，工艺设计更加完善，工艺装备更加先进，不仅实现了带压提下点火器，并且操控性能、安全性能等综合技术性能指标也有大幅提升。所谓"一体式"电点火概念体现在两个方面，即"一体式点火电缆"和"集成化车载平台"。"一体式点火电缆"是指把点火电缆和点火器做成一个整体，点火器位于电缆前段并与电缆同一外形尺寸、平滑连接，从外观看，是一根电缆，没有独立的点火器。这种一体式点火电缆可大幅提高点火功率、简化井口的防喷结构、降低注入头高度、便于安全作业，并且由于点火电缆跟随井眼轨迹能力强，因此这种点火方式不仅适用于直井点火，也适用于斜井、水平井、中深井点火作业。另外，由于一体式电点火电缆的加热功率大，加热区间长，因此这套点火装备还可用于水平井加热等类似措施作业。"集成化车载平台"是将所有点火设备全部安装在一个车载平台上，点火作业时不再需要其他辅助设备，点火装备搬迁安装更加方便，作业更加机动高效。新疆油田研发的一体式电点火装备如图 3-21 所示。

图 3-21　新疆油田研发的一体式电点火装备

一、一体式电点火电缆

一体式电点火电缆是一种三芯铠装电缆，由电力传输段和发热段组成，电缆的发热段就是点火器，如图 3-22 所示。电力传输段内部有 3 根动力传输导

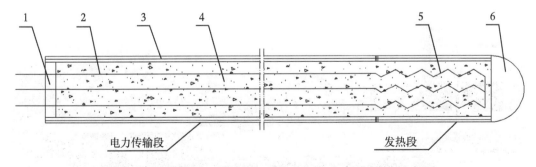

图 3-22　新疆油田研制的一体式电点火电缆结构示意图

1—出线端；2—三相动力线；3—双层金属铠；4—耐高温绝缘填料；5—电热丝；6—前封头

线（一端连接发热段，一端连接接线端子），采用氧化镁绝缘，外铠由铜护套和不锈钢外护套共同构成，外径 25.4mm。电缆发热段内部有 3 根电热丝，采用"Y"形连接，中性点不接地，绝缘材料为氧化镁，电热丝材料采用 Cr20Ni80 镍铬合金电热丝或同级发热性能的材质，可长期经受 800℃ 以上高温。外铠采用铜护套和不锈钢外护套共同构成，以提高电缆的耐腐蚀性能和刚柔相济的综合机械性能，满足滚筒反复盘卷的工况要求。为便于电缆滚筒的盘存，电缆直径一般制作得比较小，可采用增加发热电缆长度的方法来增大发热总功率，所以在同等点火功率条件下，其发热段长度通常是普通点火器的数倍，外径 1in 的发热段达到 150kW 功率的长度大约是 30m。电力传输段和发热段的连接由专业生产厂整体连接成型，现场不能自行拆接，以保障接头的可靠性和电缆的使用寿命。电缆的长度虽然受一次电缆成型加工技术的限制，但也可通过特殊的焊接技术增加长度。新疆油田根据实际需要研制了 2000m 的一体式电点火电缆，主要技术参数见表 3-1。

表 3-1　新疆油田研制的一体式点火电缆主要技术参数

点火总功率 （kW）	发热段长 （m）	耐温 （℃）	耐压 （MPa）	总长 （m）	外径 （mm）
150	30	≥800	≥35	2000	25.4

二、集成化车载平台

新疆油田研制的车载点火平台是一个车载拖挂平台，如图 3-23 所示，平

图 3-23　新疆油田研制的集成化车载点火平台

台长约20m、宽3m。在这个平台上安装了提升支架、注入头、点火电控设备、一体式点火电缆、电缆绞车等所有点火设备和提下设备。

提升支架为双柱背筐式结构，不能折叠，可整体收放，支架撑开后，背筐可沿支柱液压升降。注入头安装在支架的背筐内，可前后左右液压移动。因此，注入头实际上可实现三个方向调位，这在点火装备安装作业时利于注入头与井口对中。注入头的主要技术参数见表3-2。

表3-2 注入头主要技术参数

额定载荷（tf）	升降高度（m）	动密封压力（MPa）	前后移动范围（mm）	左右移动范围（mm）	适应电缆外径（mm）
7.5	1.5~5.5	35	600	400	25.4

电缆绞车与前代车载电缆绞车相比，综合技术性能有较大提升。计数、排线更加精准；电缆接头采用航空插头，接线更加方便；滚筒轴采用电刷结构，可在提下过程中给点火电缆通电，因此可用于对井筒的移动加热或移动点火；滚筒容量更大，可容纳2in电缆或连续管达4000m，能适应更深的油层点火；另外，在滚筒侧面还配有洗压井管汇接口，必要时可将其用作连续油管车，只需将点火电缆更换成连续油管，并与管汇接口连接，即可用于冲砂、洗井等井下作业。

由于一体式点火电缆没有独立的点火器，通体直径相同，所以点火作业时无需在井口装置上加装防喷管。但考虑到在提出点火电缆时，电缆计数器存在误差，容易造成计数器显示电缆末端已提至井口顶阀门之上，而实际上并未达到此位置的情况。若此时关闭顶阀门，可能会造成电缆损坏，因此可在井口装置上安装一个胶皮阀门，以加长电缆的提出空间，确保电缆完全提至井口顶阀门之上。由于没有防喷管，使得注入头作业高度大幅降低，更利于安全作业。

三、上提下放作业

上提下放作业工序及要求如下：

（1）安装点火装备。将一体式车载点火平台摆放在井口装置的背面，即背对井口手轮的一侧；注入头可三维调整，与井口对中连接，其连接密封压力应与井口装置的压力级别相当。

（2）洗井和试注。循环洗井清除井筒积油，再试注空气将井液挤进地层，直到井口注气压力稳定。

（3）下入点火电缆。当油套压稳定、地层吸气正常后，便可带压将点火电缆下放至设计点火位置。

（4）提出点火电缆。点火结束后，保持正常注气，平稳上提电缆，防碰撞和强力拉拽，当电缆末端接近井口时，应减速将电缆末端停在井口顶阀门和注入头密封装置之间，然后轻力试关井口顶阀门，确认将点火电缆提过井口顶阀门之后，再完全关闭井口顶阀门，最后撤离车载点火平台。

第六节　现场应用

对接式电点火技术装备主要在我国早期的一些火驱项目中投入应用，但因其难以确保对接工艺和管柱内清洁程度的长期高要求而时常出现点火故障，在2000年前后逐渐被新的点火工艺所取代。井架式电点火技术装备在新疆油田红浅火驱先导试验区投入现场应用，这套点火装备虽然在点火器的大功率小型化方面获得了成功，实现了带压提出点火器，但由于没有实现带压下入点火器，也很快被新的点火工艺取代，因此应用井次较少。固定式电点火技术装备、车载式电点火技术装备和一体式电点火技术装备在新疆油田的红浅直井火驱区块和风城超稠油水平井火驱区块得到了批量应用，特别是车载式电点火技术装备和一体式电点火技术装备在红浅火驱工业化项目中得到了推广应用，产生了良好的社会效益和经济效益。

红浅直井火驱区块，自2009年开始先导试验，2018年进入工业化推广应用。动用面积$11.5km^2$，动用储量$1520×10^4t$，将形成火驱工业化注采千口井的生产规模。红浅火驱目标油藏平均埋深525m，油层平均厚度8.2m，油藏压力6.4MPa，孔隙度25.4%，水平渗透率582mD，50℃下脱气原油黏度为500~1200mPa·s，含油饱和度58.7%，构造形态为南东缓倾的单斜，地层倾角5°。火驱井网为线性交错井网，前期开采八道湾组，后齐古组接替开发，注气井排列与河道展布方向一致，设计 3 排注气井，排间距 700m，注气井 150 口，注采总井数达 1013 口。风城超稠油水平井火驱区块，2013 年投入现场实施。试验区动用面积 0.11km²，地质储量 30.45×10⁴t，目标油层平均埋深 300m，原油密度 0.953~0.9697g/cm³，原油黏度 9040~15512Pa·s，地层温度 19.3℃，地层压力 2.98MPa。部署 5 对火驱井组，水平井井距 70m，直井与水平井横向距离小于 3m。

固定式电点火技术装备主要在新疆油田红浅火驱先导试验区和风城超稠油水平井火驱先导试验区投入现场应用，累计点火超过 10 井次，点火参数曲线如图 3-24 所示。固定式电点火技术装备是新疆油田在火驱先导试验阶段研发的第一代点火装备，为了检验其技术性能，并确保将油层点燃，初次试验运行超过 15 天，最大点火功率接近 50kW，最高点火温度达到 550℃，承受井筒最高压力 7.3MPa。经产出气体组分监测和后期火驱油层取心分析，油层达到了高温燃烧。现场应用表明，装备技术性能可靠，一次性点火成功率达到 100%。但是，由于设备集成度不高、现场施工作业量较大、作业人员较多、点火器和点火电缆均为一次性使用，点火成本较高，目前已少有使用。

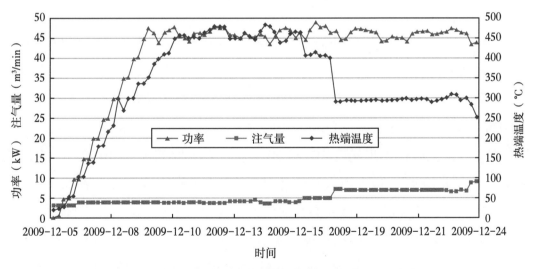

图 3-24　固定式电点火技术装备在 hH010 井的点火参数曲线

车载式电点火技术装备先后在新疆油田红浅火驱工业化区块和风城超稠油水平井火驱先导试验区投入现场应用超过 30 井次，点火时间一般为 7~10 天，一次性点火成功率达到 100%，最大点火功率达到 50kW，最高温度达到 550℃，承受井筒最高压力 7.8MPa，点火参数曲线如图 3-25 所示。整套点火装备操控比较方便、机动运移性较好，能实现点火温度自动调控、数据远传、多场所监控、故障自动保护等功能。与固定式电点火方式相比，其综合作业成本减少 30%左右。

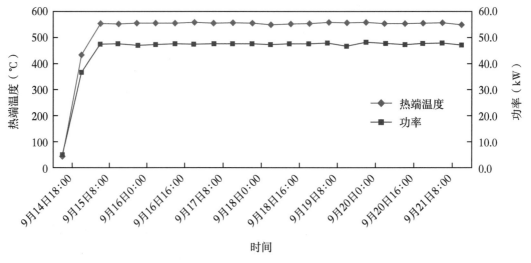

图 3-25　车载式电点火技术装备在 hH242 井的点火参数曲线

一体式电点火装备的成功研发恰逢新疆油田红浅火驱工业化项目开展时期，该装备一经投用，就以其先进的智能分析、自动化控制、更高的安全可靠性、更简便的操控性和更好的机动性等众多技术先进性受到作业队伍青睐。截至 2020 年底，该装备先后在新疆油田红浅火驱工业化区块和风城超稠油水平井火驱先导试验区投入现场应用超过 30 井次，点火时间为 7~10 天，一次性点火成功率达到 100%，最大点火功率达到 60kW，最高点火温度达到 580℃，承受井筒最高压力 7.8MPa，点火参数曲线如图 3-26 所示。据相关资料测算，与固定式电点火方式相比，使用一体式电点火装备进行点火作业，其作业人员和作业时间可减少约 2/3，综合作业成本减少约 50%。该点火装备的应用加快了我国点火装备"自动化、模块化、标准化、系列化"研究建设进程。目前，其主体技术已达到世界领先水平，提高了我国火驱点火工艺装备在国际石油领域的地位，这也利于推动这类装备走向更加广阔的国外市场。

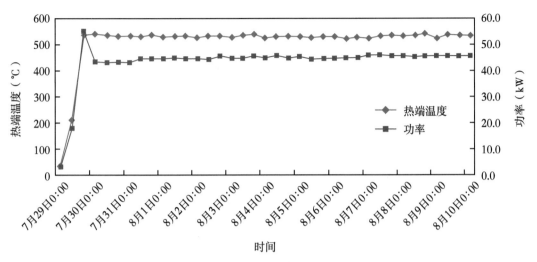

图 3-26　一体式电点火装备在 hH081 井的点火参数曲线

第四章 点火井场配套设备及点火作业

点火井场配套设备主要包括点火井口装置、注气管汇和电控装置等。点火井口装置与常规采油井口装置的功用不同，除了密封井口外，在移动式点火工艺中主要满足带压上提下放点火电缆和点火器的需要，而在固定式点火工艺中主要满足能让点火电缆穿过的密封要求，因此在结构配置上也有所不同。与井口相连的注气管汇也有别于生产管汇，它主要满足注气量分配、计量与调控的需要。电控装置是为实现点火参数自动化控制而研发的专用电控设备，能实现点火参数自动调控、远传、模拟监测、安全联锁保护等功能。点火作业的工序和作业质量是安全点火、顺利点火的重要保障，根据火驱点火的现场经验总结出了基本作业工序及相关要求。

第一节 点火井口装置及管汇

一、点火井口装置

点火井口装置的工作介质为压缩空气，存在氧腐蚀条件，但并不存在高温。从矿场应用结果来看，由于注入的压缩空气经过了脱水处理，井口装置因氧腐蚀带来的问题还不多见。一般而言，按常规采气井口装置的材质标准进行选材，可满足点火井口装置的材质要求。由于点火井口装置只用于注气点火和上提下放点火器，没有其他生产和作业用途，为简化结构，大、小四通之间的总阀门不必配置，但在注空气管线一侧的油管和套管旁通上应配置节流阀。在固定式电点火工艺中，由于点火电缆从油套环空走线，因此在其配套点火井口装置的套管旁通上应设置电缆密封结构，而车载式电点火和一体式电点火的配套井口装置则不需要设置这种电缆密封结构。井口装置的主要技术参数依据目标油藏的地层压力、井身结构以及采油（气）井口装置相关标准设计或选定。新疆油田研制的火驱点火井口装置如图4-1和图4-2所示，额定工作压力为14MPa，主通径$\phi 62mm$、$\phi 80mm$，适应油管$2\frac{7}{8}in$ TBG、$3\frac{1}{2}in$ TBG。

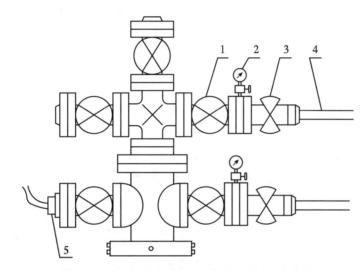

图4-1 固定式电点火配套井口装置示意图

1—闸板阀；2—压力表；3—节流阀；4—注空气管线；5—电缆密封结构

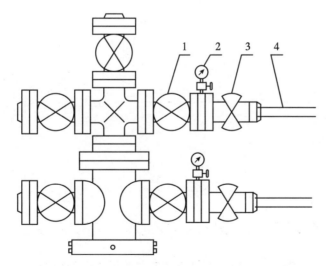

图4-2 车载式电点火和一体式电点火的配套井口装置示意图

1—闸板阀；2—压力表；3—节流阀；4—注空气管线

二、井口注气管汇

点火井口管汇须能实现油管和套管同时注气，以及注入气量的计量和调控、注入参数的显示和远传等功能。另外，还应便于管汇的扫线、管汇要件的更换、点火结束后管线的变更等作业。由于点火阶段注入空气量小，需要精确计量和调控，可以专门制作点火注气橇与注气总管线并联，更加便于拆装和重复使用，需要拆卸的管段应采用法兰连接。

注气管汇流程如图4-3和图4-4所示。在注气主管线上设置单流阀和排放口，然后分为油管支线和套管支线；设置单流阀的目的是防止注入气体回流，造成井筒回火；设置排放口的目的是便于管汇扫线或接入其他气源。在油管支线上设置仪表旁通，在旁通上安装数字式压力变送表、数字式温度变送表、数字式流量变送表和节流阀等要件。油管支线与仪表旁通采用法兰连接，并安装截止阀，便于点火结束后，对仪表旁通进行拆卸。在套管支线上安装数字式流量变送表和节流阀等要件。套管支线与注气主管线，以及与井口端均采

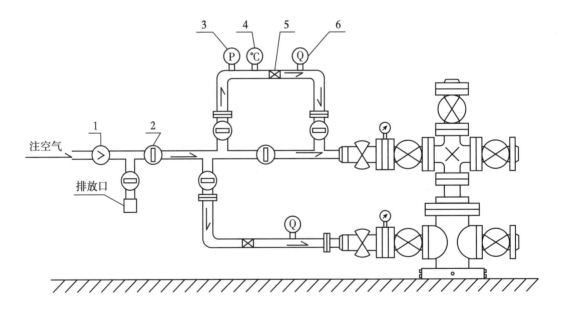

图4-3　仪表要件集中安装管汇流程示意图

1—单流阀；2—截止阀；3—数字式压力变送表；4—数字式温度变送表；

5—节流阀；6—数字式流量变送表

用法兰连接，并在主管线一侧安装截止阀，便于点火结束后，对套管支线进行拆卸。管汇连接完成后，按相关工艺要求试压合格。

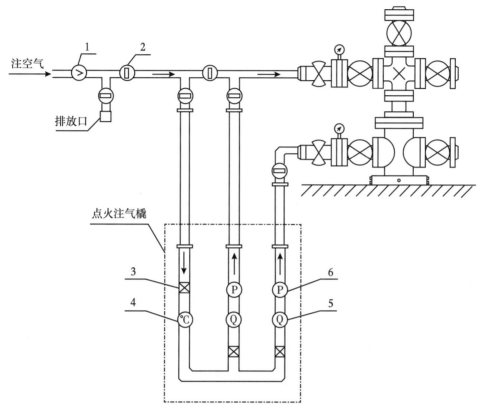

图 4-4　使用点火注气橇的井口管汇流程示意图

1—单流阀；2—截止阀；3—节流阀；4—数字式温度变送表；

5—数字式流量变送表；6—数字式压力变送表

第二节　电控装置

点火过程是通过给点火器加载一定的电功率，使得在一定注气流量条件下点火器具有较高的出口温度。点火功率、注气量和出口温度相互影响。由于点火过程持续时间较长，即使注气量调节平稳后再启动点火，在点火过程中注气量也可能会发生很大的波动。一方面，地层受温度变化、流体的分布变化影响引起流动阻力变化，导致注入空气量的波动；另一方面，受地面分配气量的影响，空压机故障等引起注入空气量的变化，严重时会发生偏流甚至断流，气量偏大会造成温度降低，气量偏小会使温度突然升高甚至烧毁点火器、点火电缆，可见点火过程的控制至关重要。通过数据分析、信号处理及数据远传等技术在这一领域的应用实现了点火参数的自动调控、故障自动保护和全程监控，大大保障了点火安全和点火成功率。

一、主要功能

点火电控装置是点火系统设备的总管家。点火参数是反映点火状态的特征指标，包括点火功率、点火温度、注气流量、注气压力和注气温度等，这些参数需要实时显示，并据此分析判断点火成败和地层燃烧状况；在现场点火作业时，尤其是多套点火设备、多井场同时点火作业时，为了提高工作效率、减少值守人员，往往需要数据远传集中监控；从开始点火到结束点火是一个对油层逐渐加热的过程，需要在设备出现异常时会报警、发生故障时能保护。因此，点火电控装置应该具备以下4项基本功能，方能管好点火系统设备：一是自动调控点火功率，使点火温度稳定在设定范围；二是显示并记录点火参数，实现数据远传、多场所监控；三是模拟监测，分析判断油层燃烧动态；四是安全联锁控制，实现点火参数异常报警，故障自动保护。

二、点火温度控制

在点火器的热端（出口端）和冷端（进口端）各布设一个测温点，测温元件为热电偶或热电阻。热端测温点用于测取点火器出口的空气温度，并据此调控点火功率，将点火温度控制在设定范围内；冷端测温点用于测取点火器与电缆接头的环境温度，用以监控高温上返和回火，冷端温度应控制在电缆接头的耐温范围内。

三、安全保护

电控装置除了具有常规的电参数异常保护和过载保护外，还具有注入空气断流保护功能。造成注气断流的主要原因是注气系统故障或地层吸气压力异常升高。当井口出现断流时，井底断流会出现滞后，井底温度监测调控功能也同样滞后，若等到井底断流后温度异常保护发挥作用时，点火器的余热可能无法散去，造成点火器和电缆损坏；而把井口注入空气流量参数关联到设备的安全保护系统后，当井口出现断流时，即可自动关停井下点火器，这样可大大减小井下点火器因余热堆积造成的损坏。

四、数据采集与远传

电控装置基本结构数据采集系统工作原理如图 4-5 所示。将点火器的热端温度、冷端温度、加热功率以及井口的油管注气量、套管注气量、注气压力、注气温度等数据模拟量传送到电控装置，然后通过信号分配器分成两路独立的模拟信号。一路信号经控制柜上的多路巡检仪转换为数字信号，供现场监控计算机监控显示；另一路信号就地用 A/D 模块转换为数字量，并用无线传输模块远传至中控室的监控计算机，通过监控计算机上的组态软件实时显示，从而实现远传集中监控。组态软件监控主界面如图 4-6 所示。组态软件以设定的时间间隔将这些仪表数据存入 Oracle 数据库中。Oracle 是一种商用数据库软件，提供了与高级语言的接口，具有较好的二次开发能力，并提供了分布式数据库

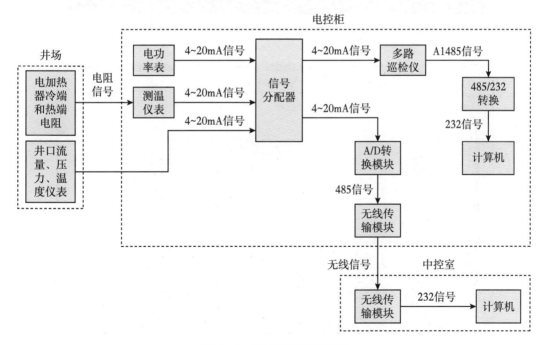

图 4-5　数据采集原理图

功能，可通过网络较方便地读写远端数据库里的数据。Oracle 软件数据查询界面如图 4-7 所示。点火电控装置输入电压为三相 380V/220V，输出功率为45kW，调压范围为 0~660V，输出频率 50Hz，测温元件 PT100 或热电阻，控制方式为手动/自动，控制输入信号为自动控制/模糊控制，冷却方式为风冷，工作环境为-10~50℃。

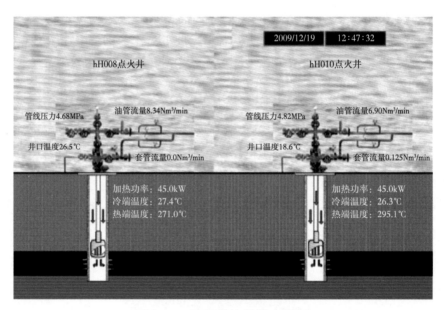

图 4-6　组态软件监控主界面

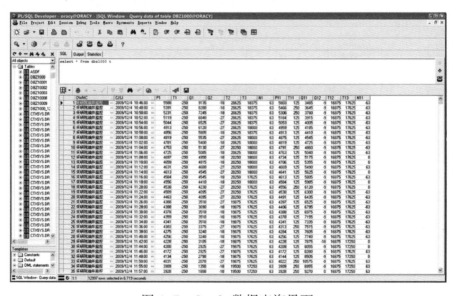

图 4-7　Oracle 数据查询界面

五、操控方法

点火器负载通常采用"Y"形接法，可用灯泡轻载调试。

控制模式：点火控制有手动控制、自动控制和远程控制三种模式，三种控制模式可通过转换开关进行切换。在点火初期，即升温阶段，通常采用手动模式，这一阶段往往偶发因素较多，需要更多的人工监控调节；在点火正常运行过程中，即维持点火温度阶段，通常切换成自动控制模式或远程控制模式。在触摸屏上可设定点火升温速率和点火温度值，自动控制逻辑如图 4-8 所示。在升温过程中，如果发生注入空气断流，点火设备会自动停止加热。

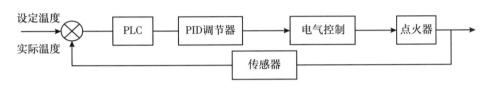

图 4-8　自动控制逻辑图

异常报警：设置点火温度、电流和电压上限值。当任一实际值超过设定值时，控制系统即会停止点火，且发出报警。停止点火后，控制系统不会自动重启，需要待故障消除，人工复位后才能重新启动。此外，设置有应急按钮，在紧急情况下按下此按钮，能立即切断所有点火电控设备电源；非紧急状态下，禁止使用。

第三节　点火作业

下入点火管柱，安装好井口后便进入点火作业阶段。这一阶段主要包括以下设备联调、洗井、预注气和点火 4 个环节，其中洗井和预注气是容易被忽视的环节，但现场经验告诉我们，这两个环节的完成质量对于点火的成败至关重要，作业时必须要达到要求后方可进入下一环节。

一、设备联调

将井内引出的点火电缆以及井口管汇上的流量计、压力计和温度计等仪表接入点火电控设备，并进行联机调试，确保各项操作、显示、监测和安全控制等功能正常。

二、洗井

洗井是在点火之前不可或缺的环节：一是为清除井筒积油，避免点火期间井筒发生爆燃；二是为清洗射孔段，改善吸气能力，利于平稳注气。对于普通稠油点火井，可用热水正循环洗井，洗至无油返出、进出口密度一致为止；若为特、超稠油点火井，可挤注蒸汽吹扫井筒，能获得更好的清洗效果。总之，井筒残存油越少，越有利于安全点火。

三、预注气

预注气的目的是使油层连通，以确保在点火期间油层能正常注气。预注气环节应与之前的洗井环节衔接紧凑，以防地层流体重新进入井筒影响后续点火。若预注前进行了蒸汽洗井，则应通过注入氮气或热水循环等措施使井筒降温后方可试注空气，以降低作业风险。应从油管、套管同时注气，先将井液挤进地层，使井筒处于无液状态。注气开始时由于井筒液柱减少，井口注气油管、套管压力逐渐升高，达到平衡后，表明点火器以上井段的井液被替尽；也可以根据地面注入的气量，依据温度和实时压力估算井筒状态下注入空气的体积，来判断井筒液体是否被全部顶替。随着注气过程的推进，井口注气压力会逐渐趋于稳定，若稳定时间超过 2h，可认为油层已连通，具备注气点火条件。为了缩短预注气时间，在开始阶段可适当提高注气量，当地层连通后，再将注气量调低至设计的点火注气量，直至油层吸气平稳。对于像车载式电点火和一体式电点火这类用点火电缆带压下入点火器的点火工艺而言，在确认井液被替尽、油层吸气平稳后再下入点火器，更利于点火器的安全使用。

四、点火

点火前，应调整好油管和套管的气量分配。按点火器的结构设计，注入空气主要从油管流经点火器发热元件升温达到点火温度后进入油层，为防止点火器冷端温度过高或回火，应同时从套管注入一定量的空气。根据现场应用经验，油管注气量控制在总注气量的 80%～90% 时，即可满足点火要求。

　　在调整好油管、套管气量分配且总注气量满足点火要求的条件下，即可开始通电点火。为保障点火器安全平稳启动，点火功率应逐级增大。在启动阶段采用手动模式，这是一个小功率慢热的过程，升温梯度一般控制在 5~10℃/10min 之间，升温达到 150~200℃ 时，保持 1~2h 点火功率不变，使井下点火器、电缆和井筒充分预热干燥，避免在潮湿井筒内因升温过快，导致井内电器绝缘失效和点火器损坏等问题。预热完成后，再逐级增加点火功率，直至点火温度升至设计范围，然后切换成自动控制模式，以保持点火温度。新疆油田红浅火驱点火参数曲线如图 4-9 所示。在点火过程中，注气量、注气压力、温度、功率等点火数据由监控设备自动采集，也可以同时人工记录点火功率、点火温度、注气流量、井口压力等主要点火参数。

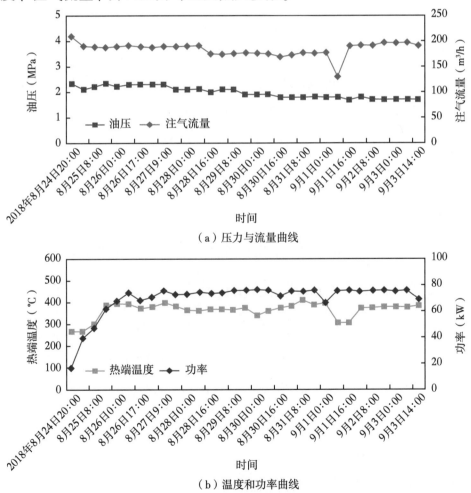

（a）压力与流量曲线

（b）温度和功率曲线

图 4-9　新疆油田红浅火驱 hH034 井点火参数曲线

第五章　点火状态分析判断

油层点火的实质在于通过注入空气并加热近井地带油层，使其发生剧烈氧化作用，直到热量增加到一定规模建立起油层的稳定燃烧前缘。因此，油层是否被点燃可以依据加热量的多少和邻井产出气体组分变化来进行分析判断。点火3~5天后，通常在点火井周围的一线生产井能监测到产出气体中 CO、CO_2 等燃烧气体组分和 O_2 含量开始发生变化，然而也有部分生产井由于井距、地层渗透率以及地层非均质性等因素的影响，在点火后很长时间也监测不到 CO、CO_2 和 O_2 这些组分的出现或动态变化。在国内外近一百年的火驱实践中，对点火状态的分析判断方法主要有加热量分析、视氢碳原子比、产出气体组分监测和模拟监测等几种方法。在这些方法中，更直接、更可靠的方法是产出气体组分监测。判断点火是否成功通常需要综合分析，多种方法结合，相互印证。

一、加热量分析

油层点火的总加热量是按热平衡原理计算的，其方程式如下：

$$\Sigma Q = Q_1 + Q_2 + Q_3 + Q_4$$

$$Q_1 = \pi(R^2 - r^2)h(1-\phi)\rho_s c_s(t_1 - t_0)$$

$$Q_2 = \pi(R^2 - r^2)h\phi S_o[c_o(t_2 - t_0) + h_1']$$

$$Q_3 = \pi(R^2 - r^2)h\phi S_w \rho_w[c_w(t_3 - t_0)h_2']$$

$$Q_4 = 0.5(Q_1 + Q_2 + Q_3)$$

式中　ΣQ——总加热量，kJ；

　　　Q_1——加热预热范围内岩石至燃点的热量，kJ；

　　　Q_2——加热原油并使之蒸馏的热量，kJ；

50

Q_3——加热水并使之蒸馏的热量，kJ；

Q_4——点火过程的热损失，kJ；

R——油层的预热半径，m；

r——油层套管外半径，m；

h——油层有效厚度，m；

t_1——预热温度（大于自燃温度），℃；

t_2——原油在注入压力下的平均馏点，℃；

t_3——水在注入压力下的饱和温度，℃；

t_0——点火前的油层温度，℃；

h_1'——原油平均汽化潜热，kJ/kg；

h_2'——水的汽化潜热，kJ/kg；

ϕ——油层孔隙度，%；

S_o——含油饱和度，%；

S_w——含水饱和度，%；

ρ_w——水的密度，g/cm^3；

ρ_s——岩石密度，g/cm^3；

c_o——原油比热容，kJ/(kg·℃)；

c_s——岩石比热容，kJ/(kg·℃)。

预热半径 R 不宜过大，因为油层积蓄一定热量开始燃烧后，其发热功率远大于点火器的加热功率，燃烧温度也比自燃温度要高得多，一般取 $R=0.6\sim1.2$m。国内外油层点火统计资料表明，在保证进入油层热载体的温度不低于油层自燃温度时，给每米油层连续加热（$209\sim627$）$\times10^4$kJ 热量［国外为（$209\sim418$）$\times10^4$kJ/m，我国为（$209\sim627$）$\times10^4$kJ/m］，只要在火井无窜槽和油层无窜漏的条件下，都能点燃油层。油层较厚时加热强度取较低值；油层较薄、较浅时，加热强度取较高值。

二、视氢碳原子比

视氢碳原子比 X 是利用产出气体中燃烧组分的相关量来判断油层是否被点

燃或燃烧程度的一个指标。X 值在 $1\sim3$ 之间认为油层处于高温燃烧状态。

$$X=\frac{1.06-3.06[CO]-5.06([CO_2]+[O_2])}{[CO_2]+[CO]}$$

式中　$[CO]$、$[CO_2]$、$[O_2]$——CO、CO_2、O_2 分别占总产出气体的体积分数。

三、产出气体组分监测

当温度升至油层自燃温度时，注入空气中的氧气就会与原油裂解产生的焦炭发生剧烈氧化反应（即燃烧），生成 CO_2 和 CO 气体。因此，通过产出气体组分的变化，可判断油层是否已被点燃。

具体做法是，在注气点火逐渐加热油层过程中，定期对周围生产井进行现场产出气体组分监测或取气样室内分析，特别是预计加热量将要达到油层燃烧所需气量时，应加密监测。一般而言，若发现产出气体中 O_2、CO 含量下降，CO_2 含量增加，说明油层正逐渐燃烧；当 CO_2 含量增加至 15% 左右时，可认为油层处于好的燃烧状态，便可停止点火，继续注气转入油层自行燃烧的火驱阶段。

通常情况下，火驱产出气体中，O_2 含量很低，不高于 $2\%\sim3\%$，燃烧好时趋于零；CO_2 含量一般为 15% 左右；CO 含量一般为 $1\%\sim2\%$。其中，O_2 和 CO_2 等组分含量的变化是最直观的判断特征，产出气体中 O_2 含量逐渐趋于零，CO_2 含量逐渐升高，表明油层开始燃烧。但是，由于监测的气体组分是相对含量，因此除 O_2、CO_2 外，还应该结合全组分的变化进行考虑。一般来说，油层被点燃发生高温氧化反应，O_2 应逐渐被消耗，产出气体趋于零，但严格来说，即使燃烧面没有完全消耗的 O_2 可能在通过地层孔隙原油介质时也会被消耗掉。必须指出，油层被点燃时 CO_2 含量增大到多少难以确定，一方面是因为空气中含氧气 21% 左右，与地层原油反应，其中 O_2 与碳结合生成 CO_2，与氢结合生成 H_2O，但燃料中碳氢比例不确定；另一方面，燃烧产生的 CO_2 经过地层孔隙与孔隙中的水和油等接触会发生溶解等作用，使产出气中的 CO_2 含量少于直接燃烧产生的 CO_2 含量。现场还发现，经过热采的生产井筒中 CO_2 含量本身会很高，甚至达到 $40\%\sim50\%$。在已经点火的井网中点火时，生产井的气体可能来源不能完全依其生产井的产出气体组分进行直接判断。

第六章　移风接火与二次点火

油层点燃后，随着燃烧面积扩大，火线离注气点火井越来越远，并越过生产井，使得注气燃烧效率越来越低，这时就需要移风接火。另外，在点燃油层后，由于注气间断、地层吸气困难等因素，导致油层熄火，经过油藏和经济评估后，可能就需要实施二次点火。

第一节　移风接火

所谓移风接火，就是当火线越过生产井之后，将靠近火线的生产井改为新的注气井，无须重新点火，接力推进火线的火驱技术。移风接火后可缩短注气距离，降低能耗，提高注气效率。在移风接火过程中，虽未进行点火，但从某种意义上说这是一种更经济、更高效、更智慧的点火——接火。

一、火线判断及移风接火井选择

1. 火线判断

火线逐渐靠近生产井时，井下温度开始缓慢上升。当燃烧带离生产井较近时，温度升高明显，产量也大幅增加。生产井快见火时，在高温作用下燃烧次生水被蒸发，产出物中含有大量水蒸气及凝析水，形成泡沫油，原油颜色变为咖啡色，原油中的轻质组分被蒸发，原油变稠，酸值下降；快见火时产出的游离水呈茶色，这是由于生成的燃烧水含有较多的矿物成分。另外，由于含水高，套管腐蚀严重，使含铁量上升，也导致水的颜色变深；在火线到达生产井井底时，温度会迅速升高。在新疆油田黑油山火驱项目中，火线到达生产井时，井底温度从100℃以上陡增到400℃以上，井口温度也超过了110℃，日升温幅度达到40℃；当火线越过生产井后，温度则从最高峰回落至150℃左右，产量也随之迅速下降；温度的高峰点，既是产量的最高点，也是产量下降的起始点。当温度大于180℃时，原油变为黏稠状，似稀沥青，无轻质油。室内物理模拟实验表明，当燃烧带越过井底时，由于强烈燃烧，原油裂化产生焦炭，焦炭呈灰黑色，炭黑有滑腻感，结构多呈蜂窝状，造成井底堵塞。根据上述这些现象，可基本判定火线的走向和位置。

2. 移风接火井选择

移风接火井应选择油层厚度比较大、连通性好、方向性燃烧旺、垂直燃烧效率高的生产井，这类井移风后有利于扩大火腔、推进火线、提高火驱效率。移风接火井的完井条件没有特别的要求，普通套管和水泥固井即能满足要求。新疆油田黑油山火驱项目移风接火选井实例：黑107井油层有效厚度在该井组是比较厚的油层，有效渗透率为300mD，与周边多口采油井连通性较好，岩性为粗砂岩，从生产反映来看，方向性燃烧旺盛，从测得的井温剖面来看，油层部分的温差只有1℃，油层垂直燃烧效率高，因此将该井确定为移风接火井。之后的生产效果证明，该井的移风接火是成功的。

二、移风接火方法

移风接火井在见火后应采取关井措施，一般可关井30天左右，以增加该井油层的垂直燃烧效率和降低井筒温度，待火线完全越过井底并向前推移一定距离（5~6m）后，再进行注空气移风。移风时，应采取逐步移风的方法，即接火井逐步增加注气量，原点火井逐渐减小注气量，直到将所有注气量转移到接火井。移风接火井初期采用小风量，有利于火线均匀推进，能有效防止因注气量过大造成火线单向突进。新疆油田黑油山火驱一个井组的移风接火周期用了近3个月时间才完成，实践证明逐步移风的做法效果较好。

新疆油田从黑油山8001井移风接火至黑107井的实践表明，由于注气井移至火线附近，减少了气流的沿程压耗和氧耗，注入的新鲜空气被充分利用，使得该井组在注气量减少的情况下，反而燃烧变好、产量增加。另外，由于移风接火的成功，在原有设备条件下，提高了井组连片燃烧的效果。8001井组共燃烧 815 天，其中移风接火后燃烧 444 天，占总燃烧天数的 55%。移风接火后共采出油量 1156t，占采出总油量的 54%。从移风接火开始到燃烧结束，平均日注气量 52700m³。而燃烧面积由移风接火前的 6000m² 扩大到 11350m²，在如此大的燃烧面积内，如果不移动火井，则所需日注气量约为 90000m³，每天节约注气量近 40000m³。由此可见，适时进行移风接火，确实能收到"少用风、多产油"的效果。

第二节　二次点火

在火驱过程中，可能由于某些因素使火腔不能正常发育而熄火。火井熄火后，可视情况进行第二次点火，以改善火驱效果。

一、熄火的原因

从火驱现场实践来看，导致火驱熄火的原因主要有以下几种：

（1）试注不充分。点火前，由于试注空气不充分，没能使注采井间的地层充分连通，而在点火后，油层仍未得到进一步连通，甚至出现连通性变差、油层吸气压力逐渐升高，使注入气量减少或注不进气，导致火腔不能正常发育而熄火。

（2）注气系统故障。火驱过程中，由于空气压缩机、注气管汇等注气系统出现故障，造成注气压力降低或波动，导致间注或停注等问题，使燃烧层缺氧或地层流体回吐而熄火。

（3）原油黏度过大。在高黏油层的火驱过程中，随着火线的推进，油墙逐渐加厚，可能将烟气通道、产液通道封堵，使注气压力升高或注不进气，导致熄火。

二、二次点火影响因素

1. 含油饱和度对二次点火的影响

一次点火后，近井地带成为贫油层，剩余油饱和度很低。燃烧时间越长，贫油范围越大。新疆油田在红浅火驱先导试验区的取心结果表明，已燃区域的剩余油饱和度小于3%。因此，二次点火在理论上存在燃料不足的问题，尤其是燃烧时间较长、燃烧前缘推进较远的井。但是，从火驱工业化应用情况看，熄火问题往往出现在火驱过程的前期，油层中还未充分连通和未形成足够大的气腔阶段，因此熄火井燃烧过的区域一般不会太大，被驱走的原油离井筒也不会太远，在熄火停止注空气后，原油会自然向井筒回流，使已燃区域重新恢复含油饱和度。在红浅火驱二次点火作业前，进行循环洗井时均可见回流原油返出。总体而言，在中断注空气一段时间后，原油可回流至井筒，回流所需时间取决于一次点火后火线离开井筒的距离和油层物性。因此，二次点火不必担心燃料问题，通常无须回注燃料油。除非是针对熄火时火线已远离火井，原油无法回流井筒的情况。如果熄火时火线已远离火井，应首先评价二次点火的必要性，综合考虑注入燃料成本、增产效益和重新点燃的可能性。

2. 结焦带对二次点火的影响

一次点火燃烧后，在油层中会形成结焦带，结焦带是由原油高温裂解后形成焦炭状物质黏附在岩石颗粒表面而形成，为火驱过程提供燃料，结焦带形态如图6-1所示。室内实验表明，在燃烧过程中，结焦带温度仅次于燃烧带，几乎没有液相存在，气体流过时不会产生明显的压力降；在注入燃料油通过结焦带时，压差增幅随流量升高逐渐减小，如图6-2所示。由此可见，结焦带对原油、气体的通过影响较小。在红浅火驱工业化二次点火实施过程中，也未发现

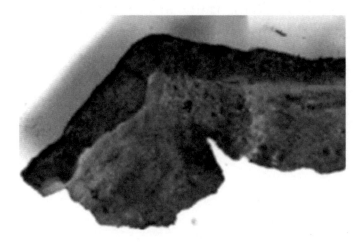

图6-1　室内实验结焦带形态

因油层结焦影响点火的问题。

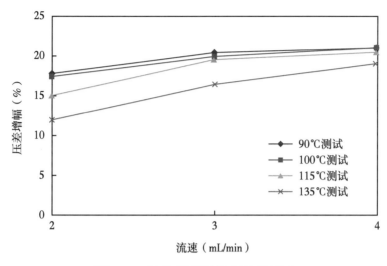

图 6-2 结焦带对压差变化的影响

三、二次点火作业要求

二次点火作业的点火过程与一次点火并无区别，不同的是要事先确认熄火原因，且相关问题已经得到解决。点火前应确认以下几方面是否具备点火条件：

（1）确认原油已回流至井筒。油层前期燃烧越久，原油回流的时间就越长。依据现场经验，在注气中断（熄火）至实施二次点火的时间段内，通常原油均能回流至井筒，可通过循环洗井确认。若原油未回流至井筒，便不能确保近井地层的含油饱和度恢复到了满足点火需求的水平，则不到点火时机。若火线已远离火井，从点火难度和经济角度考虑，不建议实施二次点火。

（2）对空压机和注气管汇做好检修和保养，确保注气系统设备正常运行，平稳供气。

（3）对高黏油层进行蒸汽吞吐，疏通注采通道，确保火驱过程稳定吸气、推进火线。

（4）试注空气应充分，待地层充分连通、注气压力不再升高且平稳后，方可实施点火。

第七章 火驱点火相关设计计算

火驱点火相关设计计算较多，本章仅介绍几项基本的设计计算模型或计算方法，包括点火器传热数学模型、油层点火气流温度计算方法、不同点火方式设计计算、点火过程的模拟监测等相关设计计算及实例。

第一节 点火器传热数学模型

传热过程包括点火器内部换热、点火器出口内外腔空气混合换热和点火器出口空气与地层之间的换热三个过程。传热数学模型建立如下。

（1）点火器内、外腔之间的传热公式为：

$$\begin{cases} (N/L)\,\mathrm{d}z = K_1(tW_1 - \theta)\,\mathrm{d}z \\ K_1(tW_1 - \theta)\,\mathrm{d}z = W_1\mathrm{d}\theta + K_2(\theta - t)\,\mathrm{d}z \end{cases} \quad (7\text{-}1)$$

（2）外腔与地层之间的传热公式为：

$$K_2(\theta - t)\,\mathrm{d}z = W_2\mathrm{d}t + K_3(t - t_z)\,\mathrm{d}z \quad (7\text{-}2)$$

式（7-1）和式（7-2）联立，经分离变量、求解二元微分方程得到：

$$t = W_1/K_2\ (C_1 r_1 \mathrm{e}^{r_1 x} + C_2 r_2 \mathrm{e}^{r_2 x})\ +\ (C_1 \mathrm{e}^{r_1 x} + C_2 \mathrm{e}^{r_2 x} + a)\ -N/\ (K_2 L) \quad (7\text{-}3)$$

$$\theta = C_1 \mathrm{e}^{r_1 x} + C_2 \mathrm{e}^{r_2 x} + a \quad (7\text{-}4)$$

$$a = t_z +\ (K_2 + K_3)\,N/\,(K_2 K_3) \quad (7\text{-}5)$$

C_1、C_2 可以根据初始条件确定。

（3）点火器出口内、外腔空气混合传热公式为：

$$(W_1 + W_2)\theta_{CP} = W_1\theta_W + W_2 t_W \quad (7\text{-}6)$$

58

（4）点火器出口空气与地层之间的传热公式为：

$$Wd\theta'+K[\theta'-(t_{z0}+mz)]dz-Edz=0 \qquad (7-7)$$

式中　θ——点火器内腔炉管与护套环空空气温度变量，℃；

　　　t——点火器外腔护套与套管环空空气温度变量，℃；

　　　W_1——火器内腔空气水当量，W/℃；

　　　W_2——点火器外腔空气水当量，W/℃；

　　　N——电炉功率，W；

　　　L——炉管长度，m；

　　　K_1——炉管与内腔空气之间的传热系数，W/（m·℃）；

　　　K_2——点火器内、外腔空气之间的传热系数，W/（m·℃）；

　　　K_3——外腔空气与地层之间的传热系数，W/（m·℃）；

　　　W——空气水当量，W/℃；

　　　θ'——点火器出口至油层段空气温度变量，℃；

　　　K——空气与地层之间的传热系数，W/（m·℃）；

　　　t_{z0}——地表年平均温度，℃；

　　　m——地温梯度，℃/m；

　　　z——任意点地层深度，m。

第二节　油层点火气流温度计算方法

根据经典点火理论要实现油层的成功点火，如图7-1所示，在X_1处的温度梯度应等于0，此油层将不再接受热气流所给予的热量，反应将依靠自身放热量自动加速至着火，即点火条件可定义为$\left.\dfrac{\partial T}{\partial X}\right|_{X-X_1}=0$。

模型初始条件假设：

（1）只考虑油层中方向的温度变化，即简化为一维问题。

（2）处于临界着火状态时空气与油层的温度相同，即拟均相假设。

（3）模型中所用介质具有常物性。

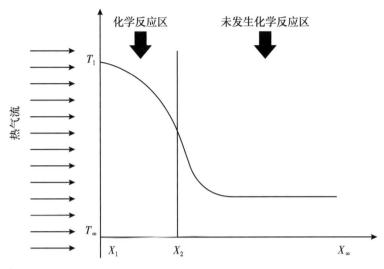

图 7-1　油层热气点火过程及温度分布示意图

将整个油层分为化学反应区及未发生化学反应区。当油层温度从热气流入口温度 T_i 下降到 $T_i-RT_i^2/E$ 时，阿累尼乌斯因子已大大减小，化学反应速率可忽略不计，因此取两区交界处温度为 $T_i-RT_i^2/E$，地层温度设为 T_∞。在化学反应区中取一微元体，进入微元体的能量包括导入热量、热气流带入热量及化学反应放热量；离开微元体的能量包括导出热量和热气流带出热量。根据布尔热·J. 的《热力法提高石油采收率》，化学反应放热量可表示为 $V' \cdot Q$：

$$V' = \phi \frac{\rho_h S_h}{M_{O_2}} k_0 \exp\left(-\frac{E}{RT}\right) p_{O_2}^n \tag{7-8}$$

式中　Q——氧分子燃烧所产生的反应热，J/mol；

V'——单位体积油层单位时间消耗的氧的物质的量，mol；

ϕ——油层孔隙度；

ρ_h——油的密度，kg/m³；

S_h——油的饱和度；

M_{O_2}——氧的分子量；

k_0——指数前因子；

E——活化能，J/mol；

R——气体常数，J/(mol·K)；

T——反应过程中可燃物的热力学温度，K；

p_{O_2}——孔隙体积气体中氧的分压，Pa；

n——反应级数。

应用能量守恒可得到微元体温度控制方程，整理后可得到：

$$-\frac{E}{R}\frac{h_2\,(T_i-T_\infty)^2}{\lambda T_i^2}+GC\frac{h}{\lambda}\,(T_i-T_\infty)\,+2\phi\frac{\rho_h s_h}{M_{O_2}}k_0\,p_{O_2}^n Q\exp\left(-\frac{E}{RT_i}\right)\left(1-\frac{1}{e}\right)=0$$

$$(7-9)$$

根据式（7-9）即可确定临界着火温度（使油层着火所必需的热气流温度 T）。

第三节　不同点火方式设计计算

一、自燃点火设计

自燃点火成功的关键是保障地层温度和持续的空气注入量。油层温度对点火时间的影响，在具体运行时应用以下公式：

$$t=\frac{\rho_1 c_1 T_0(1+2T_0/B)\,e^{B/T_0}}{86400\phi S_0 H A_0\,p_x^n B/T_0}$$ $$(7-10)$$

式中　t——点火时间，d；

ρ_1——油层密度，kg/m^3；

c_1——油层比热容，kJ/（kg·℃）；

T_0——初始温度，K；

A_0——常数，MPa/s；

B——常数，K；

n——压力指数；

S_o——含油饱和度；

ϕ——孔隙度；

H——氧气的反应热；

p_x——氧分压，$p_x = 0.209p$，p 为注气压力（绝对压力）。

在原始地层温度为 30℃ 的情况下，取 $p = 0.1MPa$，通过数值计算可以得到，点火时间为 99.1 天。在现场施工中，应尽量减少点火时间，以降低运营成本。在所用数据中，大部分是油层固定数据，无法改变，因此可以考虑适当提高油层温度。要提高油层的温度需从外部供给热量，一般有井下直接加热和井口注蒸汽两种，但是井下操作对设备及人员素质有较高的要求，而根据以往注蒸汽吞吐以及蒸汽驱的一些经验，人们可方便地得到注气方案。

在注蒸汽一段时间后，可以模拟得到以下数据：

通过对注蒸汽后油层温度的变化，可以得到其与点火时间的关系曲线。

随着储层温度的升高，点火时间会减少。对曲线进行拟合后得到：

$$y = 195e^{-0.76x} \tag{7-11}$$

式中　x——油层被加热温度，℃；

　　　y——点火时间，d。

根据油田现场的需要，在代入具体油田已知数据的情况下，可以由此反推出理想点火时间下需要加热油层的温度。如果地层条件满足要求，则不需要进行注蒸汽施工，但是实际生产中往往存在地层温度偏低的情况，因此要计算蒸汽的注入量参数，以满足加热温度的需要。

在研究自燃点火时，是否要加热以及加热温度是多少，这需要对影响点火的主要油藏性质进行简单评价，以协助决策人员对火烧区块的选择。下面对油藏孔隙度的影响进行分析，在其他条件不变的情况下，选取孔隙度分别为 0.37 和 0.1，与其对应的点火时间分别为 18.7 天和 69.1 天。孔隙度和点火时间的相关曲线如图 7-2 所示。

由图 7-2 可见，当孔隙度小于 0.10 时，点火时间的上升趋势明显。因此可以认为，火烧油层在相关条件下更加适用于大孔隙度油层，低孔隙度、低渗透油藏一般不适宜做火烧驱替。

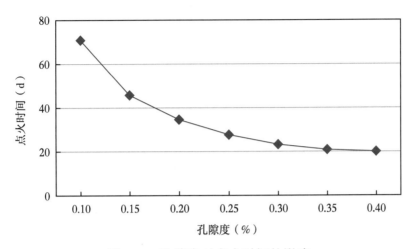

图 7-2　孔隙度对点火时间的影响

二、加热点火设计

加热点火是指包括化学点火、燃气点火、燃油点火和电点火等需要对油层进行人为加热的点火方式。相关参数可参照下述公式设计。

（1）每米油层加热到一定温度所需的热量计算公式为：

$$\frac{Q}{H} = \pi(r_c^2 - r_w^2)\rho_c(t_i - t_r) \tag{7-12}$$

式中　Q——油层加热所需总热量，kJ；

H——油层厚度，m；

r_c——加热半径，m；

r_w——油井半径，m；

ρ_c——油层的容积热容，kJ/（$m^3 \cdot ℃$）；

t_i——加热后温度，℃；

t_r——原始油层温度，℃。

（2）注入空气加热到足以启动点火的温度所需要的热量计算公式为：

$$Q_e = V_a(\rho_c)_a \Delta t \tag{7-13}$$

式中　Q_e——加热器有效功率，kW；

V_a——注入空气量，m^3/h；

$(\rho_c)_a$——空气的容积热容，$1.2kJ/(m^3 \cdot ℃)$；

Δt——空气变化温度，℃。

（3）点火所需时间的估算公式为：

$$t = \frac{Q}{Q_e} \quad\quad\quad (7-14)$$

式中　t——点火所需时间，d；

　　　Q——油层加热所需总热量，kJ；

　　　Q_e——加热器有效功率，kW。

第四节　点火过程的模拟监测

　　火驱模拟监测是用于点火阶段对油层燃烧状态进行分析判断的一种数值模拟监测技术。这项技术并非对油层内部进行实地监测，而是通过基于目标油层建立的流体力学和传热学理论模型形成的一套应用软件来模拟点火过程中油层内部的温度场变化，从而分析判断油层的燃烧状态。它以现场采集的注气点火参数为基本输入，通过建立的干空气及湿空气的状态方程、竖直井筒中热工过程数学模型、气水油混合过程数学模型、油层气体占据区传热过程数学模型等地层传热模型的运算，得出油层动态温度场。软件提供了以图形和文本的形式显示在线和离线的模拟监测动态结果。在线模拟监测是由输入界面输入点火井的初始参数，并从 Oracle 数据库中提取采集的点火实时数据，通过计算模型，计算出点火过程中注入气体在油层的分布和不同位置处气体的温度、压力值，并以图形和数据文件的形式显示结果。离线模拟监测是从数据库中提取点火历史数据，在模拟软件中通过计算模型离线计算点火过程中注入气体在油层的分布和不同位置处气体的温度、压力值，并以图形和数据文件的形式显示结果。如果在线监测时有数据丢失，导致显示结果与实测结果不符，可以通过离线模拟监测功能重新计算恢复丢失的数据，然后继续进行在线监测。

一、传热模型

　　火驱模拟监测软件采用模块化方式编写，传热模型如图 7-3 所示，它基于流体力学、传热学理论而创建，以点火现场采集的注空气流量、注气压力，以及点火器功率和点火器出口空气温度等注气点火参数为基本输入，计算出空气经点火器加热后，进入油层加热过程中导致的油层近井地带温度场，以及油、气、水的动态分布。在模拟计算过程中可分为两部分：在竖直井筒中考虑了注入气体的流动过程、注入气体的加热过程以及通过井筒壁向地层传热的计算模型；在油层中考虑了热空气与水、油的混合过程，以及油层径向、油层加热带与上下岩层传热过程的计算模型。通过求解建立的计算模型即可得到距离井筒轴心不同半径处注入热空气与原油和水混合后的温度、压力以及相应的含油（水）饱和度等点火关键参数。

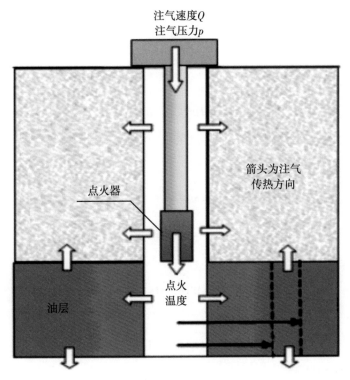

图 7-3　模拟监测系统传热模型

二、空气流经竖直井筒过程中热工参数的计算方法

点火过程中，压缩空气从地面管网通过注气井口流入井筒，在井筒内流动时，其温度、压力会发生变化，特别是流经电热点火器时，其温度会快速升高。

在此过程中，会出现与油管、套管、井筒水泥环以及井壁岩层的传热现象，为便于求解井筒各个节点的热力学参数，特做如下假设：（1）井筒中热量传递是稳态的，水泥环外侧（即地层中）热量传递则按非稳态处理；（2）计算热损失时只考虑径向传热量，轴向仅考虑对流换热；（3）地层热物性是常量，地层的热物性不随位置发生变化，即地层热物性是均匀的；（4）油管和套管轴同心，完全轴向对称。

1. 空气流经井筒内各个节点上的温度、压力的计算

空气沿井筒垂直向下的流动过程可看作可压缩黏性流体的一元流动，则其遵守如下的流体力学和热力学基本方程。

（1）连续方程（等截面）：

$$\frac{\mathrm{d}u}{u} = \frac{\mathrm{d}v}{v} \tag{7-15}$$

式中　u——工质在某截面上的平均流速，m/s；

　　　v——工质在某截面上的平均比容，m^3/kg。

（2）能量守恒方程：

$$\mathrm{d}Q = \pm g\sin\theta\mathrm{d}l + \mathrm{d}h + u\mathrm{d}u \tag{7-16}$$

式中　Q——单位质量空气的吸热量，J/kg；

　　　g——重力加速度，$9.81m/s^2$；

　　　θ——空气速度方向与水平线的夹角，井筒中为$-90°$；

　　　l——沿井筒长度坐标，m；

　　　h——空气在某截面上的平均焓值，J/kg。

（3）动量守恒方程：

$$-v\mathrm{d}p = g\sin\theta\mathrm{d}l + u\mathrm{d}u + \frac{\lambda u^2}{2D_i}\mathrm{d}l \tag{7-17}$$

式中　p——工质在某截面上的平均压力，Pa；

　　　λ——沿程损失系数；

　　　D_i——注气管内径，m。

（4）其他方程：

$$i_g = \frac{uA}{v} = GA \tag{7-18}$$

式中　i_g——管线中单位时间流过的空气质量，kg/s；

　　　A——注气管截面积，m^2；

　　　G——管线中单位时间、单位面积流过的空气质量，kg/(s·m^2)。

由以上基本方程推导出用于计算的微分方程：

令

$$A = \frac{\partial h}{\partial p} + \frac{u^2}{v}\frac{\partial v}{\partial p}, \quad B = \frac{\partial h}{\partial T} + \frac{u^2}{v}\frac{\partial v}{\partial T}, \quad C = v + \frac{u^2}{v}\frac{\partial v}{\partial p},$$

$$D = \frac{u^2}{v}\frac{\partial v}{\partial T}, \qquad E = \frac{dQ}{dl} + g \qquad F = -\frac{1}{2}\frac{\lambda u^2}{D_i} + g$$

有

$$A\frac{dp}{dl} + B\frac{dT}{dl} = E$$

$$C\frac{dp}{dl} + D\frac{dT}{dl} = F \tag{7-19}$$

微分方程组简化为：

$$\begin{cases} \dfrac{dp}{dl} = \dfrac{DE-BF}{AD-BC} \\[3mm] \dfrac{dT}{dl} = \dfrac{AF-EC}{AD-BC} \end{cases} \tag{7-20}$$

具体计算时，采用有限元法，将井筒沿轴向划分为若干个节点单元，每个单元为一个微分方程组，微分方程组采用数值解法求解（此处采用四阶龙格-库塔法）。在求解过程中，方程组中的各项只需计算出每个单元截面上的值，则可以求得在不考虑与井壁换热损失条件下的井筒内各节点的温度、压力分布。

2. 井壁传热（热损失）过程的计算

井筒内径向传热如图7-4所示。

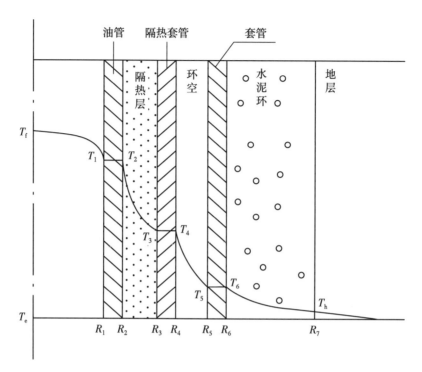

图 7-4　井筒径向传热示意图

井筒到水泥环与地层交界处的传热方程为：

$$dQ_s = 2\pi R_1 U_{to}(T_f - T_h)dl \tag{7-21}$$

式中　R_1——井筒油管内径，m；

　　　U_{to}——油管内表面至水泥环外表面间的总传热系数，$w/(m^2 \cdot K)$；

　　　T_f——油管内蒸汽温度，K；

　　　T_h——套管外水泥环和地层交界面之间的温度，K。

由于地层中的温度随时间而有沿径向变化（增加）的趋势，因此地层中的热流随时间变化。在注气初期，地层中的热损失较大，地温随之升高，热阻逐渐增大，地层中的热损失随时间减小。此处采用拟稳态的近似方式来模拟这种不稳定的状态，在地层内的传热方程中通过无量纲的时间函数 T_D 来实现：

$$dQ_s = 2\pi \cdot dl \cdot \lambda_e(T_h - T_e)/T_D \tag{7-22}$$

式中　λ_e——地层传热系数，$w/(m \cdot K)$；

　　　T_e——地层内无穷远处温度，即地层中没受井筒传热影响的温度，K。

在各种因素完全考虑的情形下，井筒结构的总传热系数 U_{to} 由式（7-23）计算：

$$U_{to} = \left[\frac{1}{h_f} + \frac{R_1 \ln\left(\frac{R_2}{R_1}\right)}{\lambda_{tub}} + \frac{R_1 \ln\left(\frac{R_3}{R_2}\right)}{\lambda_{ins}} + \frac{R_1 \ln\left(\frac{R_4}{R_3}\right)}{\lambda_{int}} + \frac{R_1}{R_4 \ (h_c + h_r)} + \frac{R_1 \ln\left(\frac{R_6}{R_5}\right)}{\lambda_{cas}} + \frac{R_1 \ln\left(\frac{R_7}{R_6}\right)}{\lambda_{cem}}\right]^{-1}$$

（7-23）

式中 h_f——油管内热水及蒸汽的强迫对流传热系数，$w/(m^2 \cdot K)$；

　　λ_{tub}——油管壁传热系数，$w/(m \cdot K)$；

　　λ_{ins}——隔热层传热系数，$w/(m \cdot K)$；

　　λ_{int}——隔热套管传热系数，$w/(m \cdot K)$；

　　h_c——环空中传导和对流传热系数，$w/(m^2 \cdot K)$；

　　h_r——环空中辐射传热系数，$w/(m^2 \cdot K)$；

　　λ_{cas}——套管传热系数，$w/(m \cdot K)$；

　　λ_{cem}——水泥环传热系数，$w/(m \cdot K)$。

式（7-23）中括号内各项分别为油管内壁强迫对流传热热阻、油管壁热阻、隔热层热阻、隔热套管热阻、环空气体或液体的热阻、套管热阻、水泥环热阻。

由于油管内空气的强迫对流传热系数 h_f 高，钢材的传热系数 λ_{tub}、λ_{cas} 高达 $40 \sim 50 w/(m \cdot K)$，因此它们的热阻很小，可忽略不计，只考虑隔热层热阻、环空气体或液体的热阻、套管热阻、水泥环热阻。

因此，式（7-22）可以简化为：

$$U_{to} = \left[\frac{R_1 \ln\left(\frac{R_3}{R_2}\right)}{\lambda_{ins}} + \frac{R_1}{R_4 \ (h_c + h_r)} + \frac{R_1 \ln\left(\frac{R_7}{R_6}\right)}{\lambda_{cem}}\right]^{-1}$$

（7-24）

根据上述公式，可以对井筒内传热过程进行迭代求解计算，步骤如下：

（1）假定一个初始的井筒结构内的总传热系数 U_{to}；

（2）由给定的地层扩散系数及注气时间计算瞬态热传递系数 T_D；

（3）计算水泥环与地层交界处热力学温度 T_h 和环空内外壁热力学温度

T_4、T_5；

（4）计算环空对流传热系数 h_c 和辐射传热系数 h_r；

（5）计算求出假定总传热系数 U_{to} 下的新的总传热系数 U_{cal}，则可计算出新的总传热系数；

（6）若（$|U_{cal}-U_{to}|$）$/U_{to} \geqslant 0.01$，令 $U_{to}=U_{cal}$，重复步骤（2）到（5）；

（7）求解 dQ_s/dl；

（8）求解 dQ/dl。

单位质量工质的吸热量 Q 与单位时间空气的散热量 Q_s 之间存在如下关系：

$$dQ = -\frac{1}{i_g}dQ_s \qquad (7-25)$$

利用式（7-25）可由 dQ_s/dl 计算得到 dQ/dl。利用计算出的井筒径向吸热量 dQ，则可进一步修正前面计算出的井筒内各个节点上空气的温度、压力分布。

三、空气注入地层过程中的相关热力学计算

与空气流经井筒过程类似，为简化计算，做如下假设：（1）气体占据区内，水、空气、油等成分固定，不发生变化；（2）只有空气在气体占据区流动，且为稳定流动；（3）只考虑气体占据区与上下地层，气体占据区推进面与油层之间的传热；（4）地层、油层的热物性不随位置发生变化；（5）油层包括气体占据区为轴向对称。

1. 热空气流经地层各个单元节点上的温度、压力的计算

与井筒内的过程类似，由流体连续性方程和能量、动量守恒方程推导出用于计算的简化微分方程组：

$$\begin{cases} \dfrac{dp}{dr} = \dfrac{DE-BF}{AD-BC} \\[2mm] \dfrac{dT}{dr} = \dfrac{AF-EC}{AD-BC} \end{cases} \qquad (7-26)$$

与井筒内单元划分不同的是，地层内以竖直油井的中心轴线为中心线，每

个单元为距离轴线不同位置的同心圆环柱体组成，各个单元的节点为距离轴心不同半径上圆柱体的面积。利用数值方法（龙格−库塔法）求解以上微分方程组，可以得到不考虑地层上下盖层之间换热损失时的每个单元节点上的温度、压力分布。

2. 油层与上下岩层间的传热计算

假设油层与上下岩层间的传热为一维非稳态传热过程，采用如图 7-5 所示第三类边界条件。

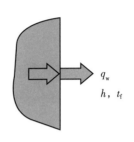

$$-\lambda \left(\frac{\partial t}{\partial n} \right)_{\text{w}} = h(t_{\text{w}} - t_{\text{f}})$$

考虑对称性，设油层厚度为 $l = 2\delta$，岩层表面

图 7-5　第三类边界条件示意图

与油层间对流换热表系数 h 为常数。

以油层的中轴线为 $x = 0$ 的平面，设油层的初始温度为 t_0，如图 7-6 所示。

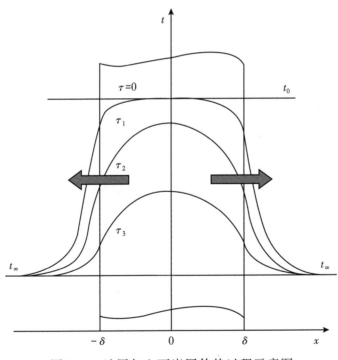

图 7-6　油层与上下岩层传热过程示意图

引进无量纲过余温度 $\Theta = \theta/\theta_0$、无量纲坐标 $X = x/\delta$，则有如下方程式：

$$\begin{cases} \dfrac{\partial \Theta}{\partial (F_o)} = \dfrac{\partial^2 \Theta}{\partial X^2}, \quad 其中\ F_o = \dfrac{a\tau}{\delta^2} \\[2mm] \tau = 0, \quad \Theta = \Theta_o = 1 \\[2mm] X = 0, \quad \dfrac{\partial \Theta}{\partial x} = 0 \\[2mm] X = 1, \quad \dfrac{\partial \Theta}{\partial X} = -B_i \Theta, \quad 其中\ B_i = \dfrac{h\delta}{\lambda} \end{cases}$$

$$\Theta = \frac{\theta(x,\ \tau)}{\theta_0} = \sum_{n=1}^{\infty} \frac{2\sin\mu_n}{\mu_n + \sin\mu_n\cos\mu_n} \cos\left(\mu_n \frac{x}{\delta}\right) e^{-\mu_n^2 \cdot F_o} \qquad (7-27)$$

式（7-27）为超越方程，无法求得具体的解析解。具体应用时，可采用数值算法（此处采用残差法，感兴趣的读者可查阅相关文献，此处不展开）计算出 Θ，即可进一步修正上下岩层不同节点处的温度分布，得到较为精确的地层温度场分布。

四、点火过程燃烧模拟监测系统

火驱点火过程燃烧监测系统构成如图 7-7 所示，该系统将现场点火数据远

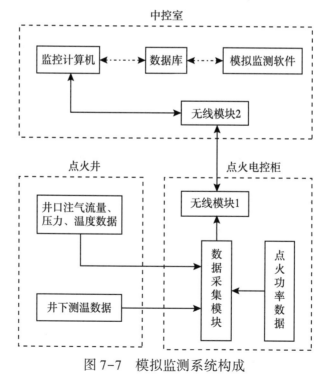

图 7-7　模拟监测系统构成

程传输至中控室，由监控计算机上的组态软件实时显示，以便于监控和调节。同时，这些数据存入数据库中供模拟监测软件提取数据做运算分析，计算出近井地带油层被加热后的温度、压力、含油（水）饱和度等参数的变化情况，可为分析点火过程中近井地带加热半径分布、判断燃烧状态提供参考依据。模拟监测软件采用的计算模型为前文中论述的空气在井筒、地层流动过程中的热工方程。

五、主要功能界面

火驱模拟监测软件主要有三个功能界面，即参数输入界面、点火监控界面和模拟监测界面。

参数输入界面如图7-8所示，通过该界面用户可进行油层参数、油井参数、注气参数和电加热参数等相关点火参数的输入和调整，以及计算模型边界条件的设置等操作。点火监控界面如图7-9所示，通过该界面可监控点火功率、点火温度、注气排量和注气压力等主要点火参数。模拟监测界面如图7-10所示，通过该界面可查看点火过程中油层温度场、压力场以及油、气、水的动态变化，从而了解火腔的发育情况，判断油层的燃烧状态。

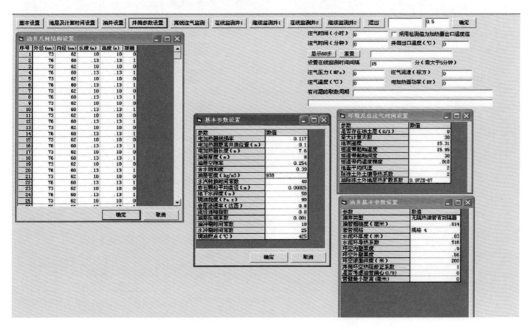

图7-8　参数输入界面

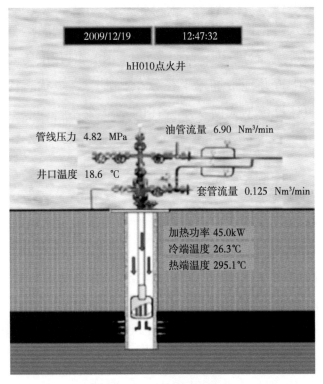

图 7-9　点火监控界面

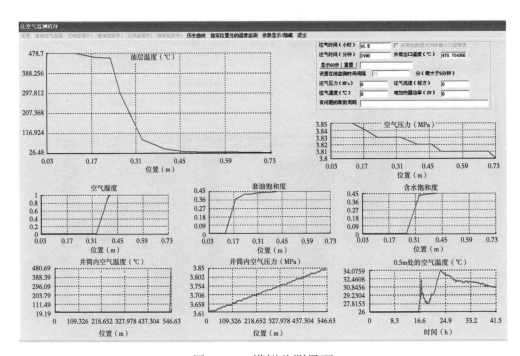

图 7-10　模拟监测界面

软件还具有离线模拟监测功能，其过程是从数据库中提取点火历史数据，在模拟软件中根据计算模型离线计算点火过程中油层加热参数变化情况，便于研究人员对已点火井进行深入研究分析。

为验证模拟监测软件的计算结果，以点火过程中的井口注气流量、压力、点火功率为输入值，计算点火器出口热空气的温度值，与点火器出口设置的实时温度测量值相对比，图 7-11 中给出了井筒内温度传感器实测值与燃烧监测软件计算值的温度值曲线，平均相对误差在 3% 以内。

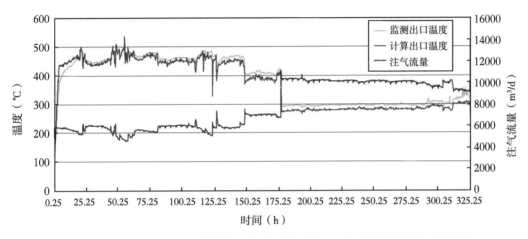

图 7-11 某点火井软件计算结果与实测值对比（加热器热端出口温度）

对于注蒸汽后废弃的稠油油藏，由于储层的强非均质性，点火井周边油层的含油饱和度和含水饱和度差异较大，利用点火监测系统，点火参数的设计及调控实现了"一井一策"，确保点火的成功率。

第五节　电点火工艺设计实例

本节列举了在一定条件下有关电点火器所需功率、动力电缆选择、火驱井下温度测量、点火数据采集、点火参数的模拟分析与校核等设计过程中关键参数的计算或确定实例，以便结合油田实际，熟练应用。

一、电点火器所需功率的计算

某稠油油藏准备开展火烧驱油项目，油藏埋深 550~600m，油层平均厚度

10m，平均渗透率760mD，油层温度23.9℃，50℃脱气原油黏度1000mPa·s。根据室内实验和油藏工程研究结果，确定点火期间的注空气量为4000~6000m³/d，点火温度在450℃以上，井口注气温度为10~30℃，地层压力为3~5MPa。

根据上述设计要求，考虑井筒和地层的热损失，经点火器加热后，出口的空气温度要达到450~500℃才能满足点火需求，则所需的理论加热功率可由以下两种方法计算获得。

1. 能量平衡法

能量平衡法的原理是假设在没有热损失条件下，点火器发出的热量被流经点火器的空气完全吸收，则空气的温度将由原来的t_1变为t_2，则点火器的理论加热功率可由式（7-28）得出：

$$P = \frac{V\rho c_p(t_2 - t_1)}{86400} \qquad (7-28)$$

式中　P——点火器加热功率，kW；

　　　V——所需加热气体的体积，m³；

　　　ρ——需要加热气体的密度，kg/m³；

　　　c_p——空气的比热容，kJ/(kg·℃)；

　　　t_1——空气加热前的温度，℃；

　　　t_2——空气加热后的温度，℃。

由空气的热物理性质可知，其比热容在不同压力和温度条件下是一个变量，要想求得精确的结果，需要在不同温度区间内的定压、定温条件下逐步迭代计算，过程较为复杂。

2. 焓值法

焓是热力学中表征物质系统能量的一个重要状态参量，常用符号H表示。对于单位质量的物质，比焓h定义为：

$$h = u + pV \qquad (7-29)$$

式中　h——比焓；

u——物质内能；

p——压强；

V——体积。

空气中的焓值是指空气中含有的总热量，工程中空气的比焓通常指 1kg 干空气的焓及其含有的水蒸气的焓的总和。可以根据一定质量的空气在传热过程中比焓的增加和减小，来判定空气是得到热量还是失去了热量。点火过程中，所需的理论加热功率为：

$$P = \frac{V\rho(h_1 - h_2)}{86400} \qquad (7-30)$$

式中　P——点火器加热功率，kW；

V——所需加热气体的体积，m^3；

ρ——需要加热气体的密度，kg/m^3；

h_1——加热前空气温度，℃；

h_2——加热后空气温度，℃。

通过查阅常用物质的工程热物理手册可知，在 1atm 0℃ 条件下，空气的比焓为 0kJ/kg；当压力为 4MPa 条件下，温度为 450℃ 时比焓为 449.5kJ/kg，温度为 500℃ 时比焓为 503.5kJ/kg。将其代入式（7-30），相关的计算结果见表 7-1。

表 7-1　不同注气量和加热温度所需加热功率计算结果

注气量	加热功率（kW）		
（m^3/d）	450℃	480℃	500℃
4000	26.9	28.8	30
4200	28.3	30.2	31.5
4400	29.6	31.7	33.
4600	31	33.1	34.5
4800	32.3	34.5	36.
5000	33.6	36	37.5
5200	35	37.4	391
5400	36.3	38.9	40.5

注气量	加热功率（kW）		
（m³/d）	450℃	480℃	500℃
5600	37.7	40.3	42
5800	39	41.7	43.6
6000	40	43.2	45.1

由表 7-1 看出，理论上若电加热效率为 100% 时，所需加热功率为 27~45kW。但是，若考虑井底沿套管壁传递到地层之间的井筒热损失以及电缆发热等其他一些损耗，实际上电加热效率达不到 100%，在此暂定热损失为 10%，则所需电功率的范围为 30~50kW。

二、点火器动力电缆的选择

三相电路功率计算公式为：

$$P = \sqrt{3}\,UI\cos\phi \tag{7-31}$$

式中 P——三相总功率，W；

U——线电压，V；

I——线电流，A；

$\cos\phi$——功率因数，取值范围为 0~1。

对于点火器来说，其三相负载均为加热用电阻丝，可视为纯电阻负载，故其功率因数 $\cos\phi \approx 1$。点火器井口输入最大电压为 750V。

根据式（7-31），前面计算出的点火器最大电功率（取 50kW）相对应的最大线电流为 38.5A，按 1.5 倍的安全系数计算，则电缆的载流量应至少大于 58A。

此外，点火期间的工况为：注气压力 4~5MPa，环境温度 100~150℃。因此，电缆除满足载流量的条件外，还需满足特定的压力和温度条件。综合以上诸多因素，同时结合市场调研，决定采用可耐高温的矿物绝缘电缆。这种电缆结构为铜芯铜护套，中间填充氧化镁粉作为绝缘层。对于点火工况中的高温高压问题，该电缆均能很好地承受（耐温 400℃，最高短时可耐温 800℃，耐压 15MPa）。通过查阅矿物绝缘电缆成品手册，发现截面积为 6mm² 的电缆最大载流量为 69A，满足电流的要求。

由于从井口到点火器的距离大概有 600m，因此需要电缆长度较长，在此情况下就需要考虑电缆的线损问题。在点火过程中，希望主要的加热电功率施加在点火器内部。而从井口到点火器之间的电缆产生的线损，虽然最终也以热能的形式散发到周围的环境中，但是由于油管和套管均是热的良导体，故其中很大一部分热量通过对流、辐射、导热等形式传递到沿途的油管、套管和地层中，造成很大的能源浪费，这是人们不愿看到的。因此，在满足一定经济性和施工便利的条件下，希望线损越小越好。由电气理论的相关知识可以得到，在通过相同电流的情况下，导线的截面积越大，其电阻越小，相应的线损也越小。因此，在满足一定经济性的条件下，降低线损的最好办法就是增大导线的截面积。

通过查阅矿物电缆手册可以看出，在成品电缆系列中，10mm² 截面积的电缆最大载流量为 90A，每千米的电阻为 1.83Ω，那么在 38.5A 线电流的情况下，其线损为 10.7%。

此外，参考前期有关点火文献，其点火器入口深度为 868.5m，点火功率为 35kW，地面功率为 41.3kW，线损为 6.3kW，线损率为 15.3%。

综合考虑以上因素，动力电缆选用三相 10mm² 的矿物绝缘电缆。

三、火驱井下温度测量技术

1. 热电阻测温

工程上常用的热电阻有 PT100 和 CU50 两种，PT100 在 0℃时的电阻值为 100Ω，然后温度每升高 1℃，电阻值增加 0.385Ω，在 0~600℃范围内阻值与温度之间有良好的线性关系。

实际应用时，测量仪表测量出的阻值为热电阻与连接导线阻值之和。一般的工业仪表对此都做了内部补偿，但要求连接导线阻值不大于 4Ω，超过此范围测量精度要受到影响，需要进行人工补偿（扣除连接导线的阻值，该阻值随环境温度变化）。

2. 热电偶测温

热电偶测温的基本原理是将两种不同材料的导体或半导体焊接起来，构成一个闭合回路。当两个导体的连接点之间存在温差时，就会发生高电位向低电位放电现象，因而在回路中形成电流，温度差越大，电流越大，这种现象称为热电效应，也称为塞贝克效应。热电偶就是利用这一效应工作的。

图 7-12 是某型点火器配备的 3 点复合测温的铠装 K 型热电偶，该热电偶全长 600mm，外径最大 8mm（焊接头处），其余部分外径 4.5mm。3 个测温点可分别测量加热器出口温度、加热管壁面温度和加热器外壁温度。

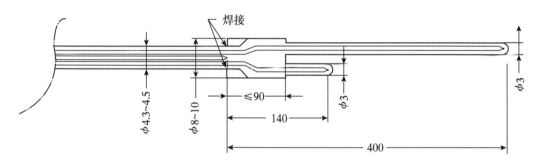

图 7-12　3 点复合测温的铠装 K 型热电偶（单位：mm）

3. 温度测量的抗干扰技术

点火器工作时，由地面控制柜向井下输出的电压经过可控硅整流输出。由于可控硅是一种非线性的交流元件，使得整流电压含有高次谐波，在电路中形成含有高次谐波的电流。而一般的工业测量仪表，都是基于工频正弦波设计和工作的，当高次谐波注入电路后，将对线路内运行的测量仪表产生干扰，造成电气仪表的不准确及计量的误差。

此外，由于测温电缆和铠装热电偶在井下与动力电缆是平行走线，动力电缆内的高频谐波将会产生交变的电磁场，电磁场会导致测温电缆和铠装热电偶出现磁感应现象，出现感应电动势干扰仪表的测量，使得测量温度不准确。

对于热电偶的抗干扰问题，由于干扰是由高于工频（50Hz）的高频谐波产生的，可以设计一个低通滤波器来排除干扰，原理如图 7-13 所示。滤波器的输入电压为 u_x，输出电压为 u_y。

该滤波器允许低频信号通过，同时极大地衰减中高频信号，可以起到消除噪声和干扰信号的作用。其截止频率为：

$$f_{c2} = \frac{1}{2\pi RC} \qquad (7-32)$$

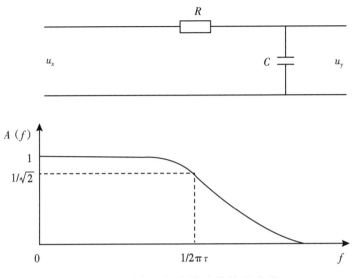

图 7-13 低通滤波器及其特性曲线

　　根据式（7-32），取截止频率 f_{c2} 为 50Hz、热电偶阻值 R 为 2000Ω，则需要并接的滤波电容为 1.6μF。加装滤波电路后，热电偶测温比较稳定，基本消除了电磁场的干扰，测温曲线如图 7-14 所示。

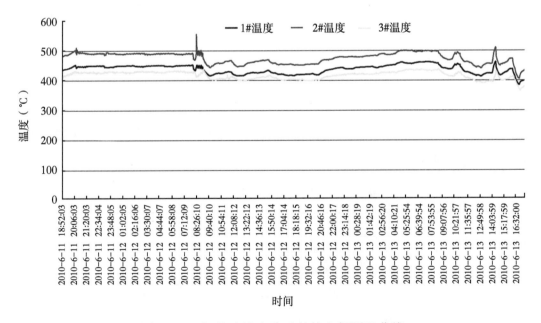

图 7-14 加装滤波电路后的热电偶测温曲线

四、点火数据采集系统

该系统将点火井井下电加热器的热端温度、冷端温度、加热功率以及井口的油管和套管注气量、注气压力、注气温度等现场仪表测量出的模拟量数据（标准 4~20mA 工业信号）统一传送到现场监控室的电控柜上，然后通过信号分配器分成两路独立的模拟信号。一路信号经控制柜上的多路巡检仪转换为数字信号，送入现场监控计算机供现场显示、监测。分配器出来的另一路信号先就地用 A/D 模块转换为数字量，再用无线传输模块远传至中控室，最后将数据传输到监控计算机，由监控计算机上的组态软件 PCAuto6.0 显示注气和点火参数的实时值，以便于监控和调节点火井的参数。同时，组态软件将这些数据以 2min 一次的间隔存入 Oracle 数据库中。Oracle 是商用数据库软件，提供了与高级语言的接口，具有较好的二次开发能力，并提供了分布式数据库能力，可通过网络较方便地读写远端数据库里的数据。在点火期间，数据采集系统可监控点火井注气量、点火功率、点火器冷端和热端温度，指导调节注气与点火参数，优化点火工艺。

五、点火参数的模拟分析与校核

以新疆油田设计的小型移动式点火器为例，利用自主研发的模拟监测软件离线模拟计算功能，针对某稠油点火过程的参数进行模拟分析。

在软件主界面点击基本设置，可在输入界面窗口输入油层、点火器和井筒的基本参数，见表 7-2。

表 7-2　点火参数模拟基本参数设置

油层参数		点火参数		井筒参数	
油层顶界深度（m）	550	原油燃点（℃）	480	套管外径（mm）	177.8
油层厚度（m）	10	点火器功率（kW）	50	套管壁厚（mm）	9.19
孔隙度（%）	25.4	点火器长度（m）	4	油管外径（mm）	88.9
渗透率（mD）	580	点火器线损（%）	10	油管壁厚（mm）	6.45
含油饱和度（%）	45	井口温度（℃）	15	油管类型	无隔热

油层参数		点火参数		井筒参数	
50℃原油黏度 （mPa·s）	800	点火器下入深度（m）	551	水泥环厚度（m）	0.03
地温梯度（℃/m）	0.018	注气流量（m³/d）	5000	水泥环导热系数 [W/(m·K)]	0.516
油藏温度（℃）	23	注气压力（MPa）	5	水泥环空热阻修正系数	1

基本参数设定完后，在软件主界面点击离线监测，则可进行点火器热端出口温度和油层加热半径的离线模拟。计算出不同时间模拟温度剖面曲线，如图7-15和图7-16所示。

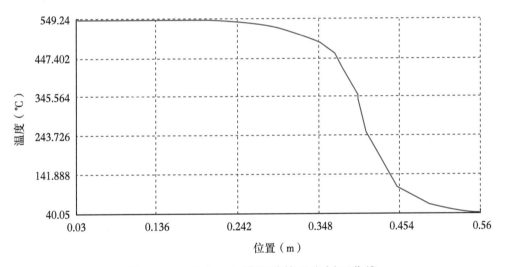

图7-15　点火80h模拟计算温度剖面曲线

由图7-15和图7-16可以看出，点火80h，以井筒为中心、半径为0.3m范围内油层温度都被空气加热到480℃以上，点火105h，以井筒为中心、半径为0.4m范围内油层温度都被空气加热到500℃以上，点火器热端出口温度维持在550℃左右，说明采用50kW的电热点火器，注气量保持在5000m³/d可以确保该油藏被成功点燃。

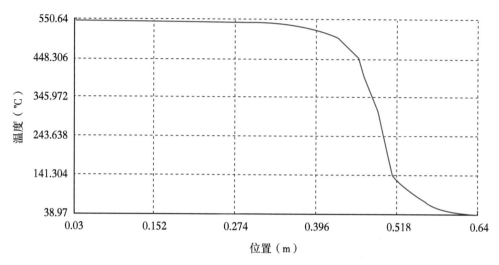

图 7-16 点火 105h 模拟计算温度剖面曲线

第八章　火驱点火作业 HSE 管理

HSE 管理体系的全称是健康（Health）、安全（Safety）和环境（Environment）管理体系，是组织实施健康、安全与环境管理的组织机构、职责、做法、程序、过程和资源等要素构成的整体。这些要素通过先进、科学、系统的运行模式有机地融合在一起，相互关联、相互作用，形成动态管理体系。HSE管理体系是一种倡导健康、安全和环境为一体的管理理念；是将领导和承诺作为核心，以一种科学系统的管理方式来平衡健康、安全与环境三者之间关系的管理体系。HSE 的产生源于工业化的发展。在工业发展初期由于生产技术落后，人类只考虑对自然资源的盲目索取，甚至破坏性开采，而没有从深层次意识到这种生产方式对人类社会造成的负面影响。加之国际上种种重大安全事故的发生，引起了工业界的普遍关注，使人们更加认识到安全工作的重要性。HSE 发展到现在已经得到全球各大公司认可，成为现代公司共同遵守的行为准则之一。对于石油、石化、化工这类高风险的行业，HSE 是集各国同行管理经验之大成，体现了当今石油天然气企业在健康安全、绿色环保和可持续发展大环境下的规范运作，突出了预防为主、领导承诺、全员参与、持续改进的科学管理思想，是石油天然气工业实现现代管理、走向国际大市场的准行证。

HSE 管理体系的原则包括第一责任人原则、全员参与原则、重在预防原则和以人为本原则。HSE 管理体系的目标包括：满足政府对健康、安全和环境的法律、法规要求；为企业提出的总方针、总目标以及各方面具体目标的实现提供保证；减少事故发生，保证员工的健康与安全，保护企业的财产不受损失；保护环境，满足可持续发展的要求；提高原材料和能源利用率，保护自然资源，增加经济效益；减少医疗、赔偿、财产损失费用，降低保险费用；满足公众的期望，保持良好的公共和社会关系；维护企业的名誉，增强市场竞争能力。

第一节　火驱点火作业 HSE 指导书

在 HSE 的大目标前提下，根据企业相关要求、工艺特点、作业环境差异等编制具体的火驱点火作业 HSE 指导书。指导书中应制定安全管理目标，并进行人员分工、风险识别，并提出消减措施和应急预案等。火驱点火作业 HSE 指导书应包括以下基本内容。

一、目的及意义

编制 HSE 指导书是为了明确作业风险、消减措施和应急预案等事项，增强相关管理人员、作业人员的安全、健康和环保意识，做到更加高效的施工管理和安全作业，确保生命财产不受伤害和损失、生态环境不被污染和破坏，实现绿色生产和可持续发展。

二、安全管理目标

安全管理目标应由施工作业单位或项目承担单位依据相关工艺设计负责制定、发布、评估和改进。主要指标包括一般事故、重大伤亡事故、设备财产损失、环境污染，以及社会相关方投诉等方面的管控指标。

三、点火作业井概况

点火作业井概况应介绍点火作业井的地质和工程设计要点，包括油层压力、井身结构、点火工艺和设备特点，以及邻井的注采情况，并描述井场条件（具体地理位置，地形地貌，地面和地下有无油气水道、高低压电线和通信缆、油罐、加热炉、变压器，以及其他影响施工作业的因素）、自然环境（井场周围一定范围内有无居民住宅、学校和厂矿、文物古迹及动植物保护区、水资源保护区及其他环境敏感区、季节风向及最大风级、最高气温、山体滑坡、泥石流、洪涝、沙尘暴等自然灾害等）、社会环境（有无风俗禁忌及宗教信仰、地方病及传染病、社会治安情况等）。

四、人员能力及设备状况

应对作业人员的健康状况、上岗资质、工作经历等进行综合评价，确认其胜任作业岗位。应对点火系统设备进行定期检查和维护保养，确保设备完好、配套、工作性能正常。

五、风险识别、消减措施及应急预案

应对点火作业流程的每个环节及其关联工艺进行风险识别。具体而言，主要依据点火作业井的相关情况、工艺流程、人员及设备状况进行风险识别，并制定消减措施和应急预案。

第二节　火驱点火风险识别、消减措施及应急预案

一、风险识别

根据油田生产环境、点火工艺流程和井场作业特点，在点火作业期间主要存在以下风险。但是，点火作业过程中的风险会随着工艺技术的改进或变化发生增减，因此，当工艺技术发生改变时，要及时地进行重新识别，并做到识别准、识别全。

1. 有毒有害气体风险

火驱区块一般都同时或先后进行蒸汽吞吐、汽驱、蒸汽辅助重力泄油（SAGD）和火驱等热力开采，为油藏内部的物理化学变化提供了更多的能量，为某些有毒有害气体的产生创建了易于生成的条件。现场监测表明，点火作业区域存在的有毒有害气体主要是 H_2S、CO、CO_2 等，在火驱的 $1m^3$ 产出气体组分中，H_2S、CO 可达上千 mg/L，如果防范措施不当，将对作业人员的生命及健康构成严重威胁。

2. 工艺技术风险

火驱点火作业过程中有洗压井作业、挤注蒸汽吹扫作业、上提下放点火器作业、注空气作业、通电点火作业等环节，因此存在洗井液对环境的污染、井

喷、机械伤害、高压气体刺漏或爆炸、触电、着火、烧伤等风险，以及因设备故障和操作不当造成的伤害。

3. 井场环境风险

如果火驱点火作业井附近有注汽井，则会增加井喷风险；施工作业可能触碰或损坏井场高低压电线或电缆、地表污染，以及野外作业饮食卫生问题等。

4. 气象（候）风险

在雷雨、大风、沙尘暴恶劣天气，虽然会停止作业，但在这些气象（候）条件下，会增大设施损毁、电线断路、高空落物，以及因设备损毁诱发的次生风险等。在炎热天气，易使工程容器、管道压力增大，体积膨胀，可能引发超压爆炸和温度应力破坏；职工易中暑，食物容易腐烂变质，引发人员健康问题。在严寒天气，增加了人员冻伤、湿滑跌倒、发生交通事故的危险，还可能导致注气管线和阀门冻堵、线路脆断等问题。

5. 人员违章风险

对于作业人员，特别是新增人员、转岗人员由于疏忽大意、违章操作、不佩戴相应防护用具，甚至不熟悉操作规程、未熟练掌握操作技能等原因，而存在作业事故、人员伤亡风险。

二、消减措施

针对上述风险，各油田会依据自身安全生产管控要求，结合火驱工艺特点，制定出相应的消减措施。主要消减措施如下：

（1）对员工进行健康、安全与环境管理知识及相关法律法规、作业规章制度的培训和学习，加强员工的 HSE 管理意识。现场涉及的用电、动火、吊装等许可作业，必须在作业前按程序办理好作业许可。

（2）开展火驱点火作业技术培训，使作业人员了解点火工艺流程，熟练掌握岗位操作技能，并持证上岗。

（3）作业队伍人员应新老结合、以老带新。尤其是新上岗员工，应有结对师傅传帮带，不应独自在脱管状态下操作。

（4）选定作业日期时，应事先了解气象信息，尽量避免在风、雨、雪等恶劣天气开始作业，因为点火作业初期的作业环节较多、工作量较大，在坏天气条件下可能会出现更多的问题。

（5）施工作业前，对设备、管线进行维护保养或检测，如有故障、损伤、刺漏等现象应及时解决，并经检验合格后方可进行施工作业。

（6）作业现场应配备 H_2S、CO 等有毒有害气体监测报警仪、急救药箱和正压式呼吸器。作业前应检测井场有毒有害气体（H_2S、CO）、可燃气体（O_2、CH_4 等）浓度，确认在安全范围内方可进行现场作业。作业过程中，有毒有害气体一旦超标应立即停止作业并撤离。

（7）移动式点火设备的提升架底座需打桩定位、压重，顶部四角拉绷绳固定，以增强其抗风能力。

（8）作业人员需穿戴好工装，并配备合适的劳保防护用品，夏季应配备防暑降温药（用品），冬季配备防冻保暖工（用）具。

（9）作业现场须配备防喷、防火、防爆等消防器材。作业车辆尽可能摆在井场上风向和地势较高处，现场作业人员尽量不要在下风方向久留。

（10）井口区域属防爆区，严禁吸烟、使用明火，进入井场的车辆应配备防火罩，在井场检测有可燃气体或井口发生油气溢流时，必须关闭防火帽旁通。不得随意在井场排放废液和扔废弃物，以免污染环境、破坏植被。

（11）为防止在点火过程中发生井筒爆燃，应将井筒充分循环洗井后，才可开始注空气点火。

（12）加强注气系统设备的维护保养，确保连续、平稳注气，避免由于空压机故障或管汇泄漏等原因造成停注，导致地层流体回流井筒，诱发井筒爆燃与射孔段堵塞等事故。

三、应急预案

应急预案应包括但不限于应急领导小组成员和针对识别出的风险在发生事故时的应对措施。应急领导小组应由作业队负责人、项目负责人、现场作业负责人和安全主管等人员组成，并公开人员联系电话，明确人员分工与责任。下面是某火驱点火作业应急预案的基本内容，供参照或借鉴。

1. 应急领导小组成员及相关信息

应急领导小组成员	职务	电话	备注
×××	组长	×××××××	
×××	组员	×××××××	
×××	组员	×××××××	
×××	组员	×××××××	
火警电话		119	
急救电话		120	

2. 应急预案

下面是火驱点火作业现场几项主要风险的应急预案。现场一旦发生事故或险情，应执行相关应急预案。第一目击人应立即报告现场作业负责人或安全主管，由现场作业负责人和安全主管负责组织现场应急人员进行抢险、抢救，同时将事故、险情及时向上级应急领导或相关部门汇报、请示。

1）人员触电应急预案

发现有人员触电，应迅速切断电源，将伤者转移至安全区域。判断伤情，如果伤情较轻，可先就地休息缓解后，再将伤者送医院体检、恢复；如果伤情严重、呼吸停止，应立即拨打120电话，请求紧急救护，并迅速解除影响伤者呼吸的穿戴，实施心肺复苏或其他合适的应急措施，等待120救援并向应急领导小组组长报告事故情况。

2）井喷应急预案

点火作业井场须配备消防设施。井场布置不仅要便于施工作业，同时要便于实施井控和消防。作业过程中，一旦发生井喷，应立即采取以下措施：

（1）首先应停止作业，关闭井口装置。若井喷失控，应切断井场一切电源，关闭车辆发动机，消除井场一切火源。

（2）井喷失控后，当班作业负责人（队长、班长、技术员）应组织人员抢关井口防喷装置，根据井喷能量，指定人员在施工现场50~100m外设置危险警示牌或设卡。

（3）作业队立即向油田消防报警，并通知所属公司应急办公室报告有关情况。

（4）作业队组织现场人员修筑备用油池、排油沟等。如井场附近有居民，应通知他们严禁动用明火。

（5）在相关部门的部署和指挥下，组织人员进行压井、抢险救援，待油井得到控制，井喷停止后，再解除警报。

3）硫化氢中毒应急预案

在点火作业现场，当身体感到难受、头痛、胸部有受压感，并感到疲倦，或鼻、咽喉的黏膜感到灼热性疼痛，或眼部和脸部受到刺激，出现咳嗽、呕吐、眩晕、出冷汗、腹泻、呼吸困难等都是硫化氢中毒症状。硫化氢中毒事故发生后，应采取以下措施：

（1）现场所有人员应立即撤离到上风口安全地带，警戒现场并将事故险情、伤亡情况向应急领导小组报告，请示处理和救援措施。

（2）若发生了硫化氢中毒伤亡事故，现场人员不得在无防护措施条件下盲目施救，应首先穿戴好防毒面具或正压式呼吸设备，并在腰部系好绳索后，在自身安全保障的前提下方可进入危险区域施救。施救人员发生意外时，其他人员应立即通过绳索将其拉回。对受伤人员立即清理口腔，打开气道并启用现场应急药箱内的氧气进行吸氧。若中毒者心跳、呼吸暂停，应立即进行心肺复苏抢救，并立即拨打 120 电话，请求紧急救护。

4）机械伤亡预案

作业人员受到机械伤害时，按以下方法进行救护：

（1）遵循"一看（观察伤情）、二摸（呼吸、心脏等）、三查（受伤部位、骨折等）"原则，在做出伤情判断前不得轻易翻动伤者，以免引发二次伤害，尤其是骨折伤员。若为轻伤，可用现场急救药箱材料进行包扎或送医院医治；若为重伤应立即拨打 120 请求救护，并向应急救援小组报告伤情。

（2）若伤员出现休克或呼吸停止，应使其仰卧，立即在现场实施心肺复苏抢救，等待 120 急救。

（3）若伤员出血，应立即采取止血措施。静脉出血进行远心端扎紧止血，动脉出血进行近心端扎紧止血。如远距离运送伤员时，应 1h 松开一次扎血带，一次 1~2min，尽量用非伤部位的毛细血管进行血液流通。

第九章　现场点火作业实例

本章介绍了编制点火工程设计包含的基本内容及相关要求，并提供了固定式电点火、车载式电点火和一体式电点火技术在新疆油田应用的现场实例，以便读者进一步明晰或掌握国内主要电点火技术装备的点火作业流程、工艺技术要点，或在此基础上进行改进提高、优化完善。这些实例不仅反映出使用不同点火装备进行点火作业时，在劳动强度、作业量和作业效率方面存在差别，也反映出了我国电点火工艺装备的进步与发展。

第一节　火驱工程设计

火驱工程设计是实施点火作业前需要完成的三大设计（地质设计、工程设计、施工设计）之一，用以规范和指导点火作业。火驱工程设计应明确点火管柱结构及下入深度、所需油管和工（用）具的类型及数量、洗井作业要求；明确点火方式、点火器的类型及下入位置、点火注气量、点火温度、点火持续时间等基本参数；明确井口点火注气管汇流程及空气注入参数、压力、温度等调控参数；明确产出物监测井号、监测项目和监测频次；提示作业风险和井场环境风险，消减和防范措施。根据上述要求，火驱工程设计主要包括管柱工程设计和点火工程设计两大部分内容。

一、管柱工程设计

管柱工程设计应包括以下基本内容：

（1）基本数据。包括油层物性参数、完井井身结构、射孔参数等。

（2）点火管柱设计。确定油管规格、管柱结构、下入深度（点火管柱一般宜下至设计位置±1m 范围内），以及所需油管类型及数量。

（3）井口装置选型。点火井口装置应配备调节阀，满足油管、套管调节气量的要求，采用固定式电点火技术的井口装置应满足过电缆密封的要求。

（4）洗井设计。稠油点火井，洗井液可采用热水正循环洗井；超稠油点火井，可挤注蒸汽清除管柱和油套环空内的原油。洗至井口返出液无可见油时方为合格。

（5）安全措施。明确点火 HSE 风险，消减和防范措施。

（6）井口试压。在点火设备、井口装置和地面注空气管汇连接安装完成后，按照相关标准要求进行试压。

二、点火工程设计

点火工程设计应包括以下基本内容：

（1）设计依据及施工目的。应提供点火地质设计、井控实施细则，以及该井和周围生产井的生产情况、作业情况说明作为设计依据，并确定施工目的和要求。

（2）点火井基础数据及点火管柱结构。应提供完井井身结构数据、射孔数据、地层压力或油压套压数据，为点火工艺参数的确定提供依据。

（3）点火参数设计。确定点火注气量、点火温度，并预计点火持续时间。

（4）点火装备选择。应根据井深、注气压力，以及所需点火温度和点火功率等参数选择合适的点火装备。

（5）仪器、仪表的型号和安装要求。井口注气管汇的流量计、压力计和温度计等计量仪表应采用数字式仪表，以便于数据存储、显示和远传；应满足油套管同时注气的计量和调节要求。

（6）试注气。点火前，通过试注气将井筒中的液体挤入油层，直到地层吸气正常、井口注气压力保持稳定，以利后续安全点火。试注气体可依据井下点火管柱工艺和作业情况选用空气或氮气。试注应符合以下要求：

①对油套环空无封隔器、点火管柱下入后进行了洗井作业的点火井，可采用空气试注，但在试注前需对点火井进行可燃气体及有毒有害气体检测及安全

性评价，确认符合安全规范后方可实施空气试注。

②对油套环空有封隔器、点火管柱下入后未进行洗井作业的井，需首先采用氮气试注，待井筒被氮气置换后，可切换为空气试注。

③在试注初期，井筒处于排液阶段，注气流量可大于设计点火注气流量。

④待井口油套压稳定、确认地层吸气平稳后，应将注气流量调整为设计点火注气流量，并保持连续注入。

（7）点火。在试注压力稳定、油层吸气正常后，按以下步骤启动点火程序：

①开始通电点火，点火器的点火功率应逐级提升，达到设计点火温度为止，启动点火功率梯度不大于 5kW/10min。

②点火过程中，应实时监控点火功率、点火温度、注入气量和注气压力的变化，使点火参数处于设计范围。

③根据设计要求，可同时结合产出物监测分析结果，确定结束点火时间。

（8）产出物监测。在点火期间，应依据是否将产出物监测结果用于判断油层的燃烧状态等实际需要而确定产出物监测井号、监测项目和监测频次。产出物监测应按以下方式进行：

①若将产出物监测结果用于判断油层的燃烧状态，则应在点火前做一次背景值监测，在点火期间对点火井周围的一线生产井进行产出物监测，同时对一线范围以外的火驱敏感井也应进行监测，监测内容包括对产出气体组分（O_2、CO_2、CO、H_2S、H_2、CH_4、N_2 等）和液体组分（油、水等）的监测。

②若无须将产出物监测结果用于判断油层的燃烧状态，则可根据实际需要进行抽样监测。

（9）安全措施。提示触电、爆炸、有毒有害气体的风险、消减和防范措施。

第二节　固定式电点火装备作业实例

作业井号：××井点火作业

作业时间：××××年××月××日

一、下入点火管柱

点火管柱是指由点火器、油管柱、点火电缆和电缆防护器等形成的入井管串的总称。现场作业工序如下。

1. 洗压井

（1）射孔后，测井底静压为 3.93MPa，测试深度 550.5m。

（2）配制密度为 1.0 g/cm³ 压井液 30m³，从套管阀门接 400 型泵车，排量 0.5~0.8m³/min，正循环洗、压井。泵入 20m³ 压井液未返出，判断地层亏空严重，部分液体进入地层（井筒容积 11m³ 左右）。停泵，关井平衡 2h 左右，观察油压、套压为零，开井无溢流。

2. 抬井口，提原井管柱

（1）拆原井口大四通连接螺栓，提吊井口至井场平稳摆放。

（2）按井控要求安装 SFZ18-35 型防喷器，试压 25MPa，稳压时间 30min，井口装置密封部位不渗漏、无降压。

（3）提出压井管柱。2⅞inTBG 油管 57 根 552m，起管柱时，每提 5 根单根油管向井内补灌修井液，保持液柱压力。

3. 通径

（1）管柱结构：φ150mm×8m 特殊通径规+2⅞inTBG 油管 60 根 576.7m。

（2）慢速下入管柱，下入过程中无阻卡，通井至人工井底 590.42m。

（3）提出通径管柱，检查通径规有无损伤、划痕等，并丈量校核管柱数据无误。

4. 刮壁

（1）管柱结构：KCTGX-150 刮壁器+2⅞inTBG 油管 58 根 557.4m。

（2）慢速下入管柱，刮壁器下至射孔段中部 550.5m 处，在其上、下 10m（540~560m）范围反复刮壁 3 次。

（3）提出管柱，检查刮壁器完好，并丈量校核管柱数据无误。

5. 电缆摆放

（1）电缆：φ7.3mm 动力电缆（单芯）3 根，φ6.3mm 信号电缆（4 芯）1

根，每根长度700m。电缆由护套、线芯和绝缘材料三部分组成，承压15MPa，耐温220℃。

（2）滚筒支架：根据每个电缆滚筒尺寸（外径1.8m，宽0.5m）设计、加工3个滚筒支架和一根ϕ50mm×4000mm中心轴（杆件或管件）。

（3）井场摆放布局：如图9-1、图9-2所示。

图9-1　电缆及滚筒支架摆放

图9-2　用吊臂吊高分线器

①在管架桥位置右侧、离井口 10m 左右的空地，将 3 个滚筒支架按间隔 1.5m 的距离平行摆放，然后在每个滚筒支架底座开孔上用 $\phi6mm$ 钢筋固定牢固。

②将 4 个电缆滚筒按 0.5m 的间隔距离平行放于地面，用中心轴穿过所有电缆滚筒中心孔（孔径 $\phi89$）。

③用两根 $\phi6mm$ 专用吊装钢丝绳挂在中心轴两端，用吊车缓慢吊起放在 3 个滚筒支架上，然后用铁丝将中心轴和滚筒支架支撑面捆绑牢固。

④将 4 个滚筒上的点火电缆分别从分线器轨道槽内穿出拉到井口，然后用一台 25t 吊车将分线器吊至 4m 的高度悬挂，并用钢丝绳拉住分线器的四角，固定在地面的 4 个沙箱上。

6. 油管与电缆防护器连接与摆放

（1）油管与电缆防护器连接：采用 2⅞inTP90-3Cr 防腐油管，在每个油管接箍上安装一个 $\phi145mm$ 电缆防护器，安装时涂抹螺纹胶，加强固定。

（2）井场摆放：将防腐油管摆放在井场管架桥上，用蒸汽车逐根冲洗油管内部及螺纹表面油渍、泥土等污物，并用 $\phi58mm$ 通管规通过。然后丈量油管两遍，并做好记录。

7. 电缆与点火器连接

1）动力电缆连接

动力电缆为单芯同轴矿物电缆，外包金属铠，用结晶氧化镁作绝缘层，耐温和防腐能力强。每一根动力电缆都单独使用一个连接头。连接前，备好耐温绝缘胶管、热缩胶管和连接铜套。连接铜套的尺寸规格应与接线腔的空间尺寸相匹配，便于接线和容纳。铜套的一端带有内螺纹，与点火器接线柱的外螺纹相连接；另一端有沉孔，孔径略大于动力线的截面直径，用于插接。点火器与动力线的连接方法如下：

（1）将连接铜套旋紧到点火器引出线的接线柱上，并在下接头的密封台阶上装好密封填料。

（2）依次将连接头的压帽、填料、上接头和适当长度的高温绝缘胶管穿到要连接的动力电缆上。

（3）剥出线芯，并用热缩胶管密封电缆环形切口，以防氧化镁粉脱落。

（4）清除电缆芯线上黏附的氧化镁粉，以免影响接头的导电性。

（5）将剥出的电缆芯线插入连接铜套中，并在插接部位用液压线钳夹出扁口，使铜套与电缆芯线形成嵌入式连接，再用锉将超过铜套外径的扁口边缘锉去。

（6）用已穿在电缆上的耐温绝缘胶管套住裸露的铜套及接线部位，并用扎带固定。

（7）依次将已穿在电缆上的上接头与下接头旋紧，用压帽压紧填料。

2）信号电缆连接

信号电缆为多芯信号缆，因其线芯直径较小可共用一个连接头；连接前，备好电缆封头、耐温绝缘胶、芯线定位片，以及与芯线粗细相当的耐温绝缘胶管、热缩胶管和包线铜套等材料。点火器与信号电缆连接方法如下：

（1）依次将电缆连接器的压帽、填料、上接头穿到准备连接的信号电缆上。

（2）将电缆的芯线剥出，清除芯线上黏附的氧化镁粉，然后装上电缆封头，用耐温绝缘胶填充封头将各芯线分隔开，再装上芯线定位片，并测试各芯线之间、芯线与电缆外铠之间的绝缘电阻，确保绝缘。

（3）剪取适当长度、大小两种直径的高温绝缘胶管，做成双层套分别套在下接头的每根芯线上，然后在每根芯线上穿上包线铜套。

（4）在下接头的密封端面上装好密封填料，然后将信号电缆的芯线对插进包线铜套，用压线钳将铜套夹紧，再将双层耐温绝缘胶管拉出完全套住裸露的包线铜套和芯线。

（5）依次将已穿在电缆上的上接头与下接头旋紧，用压帽压紧填料，完成连接。

3）注胶

动力电缆和信号电缆的芯线接好后，再向连接头的接线腔内注入耐温绝缘胶，胶液中加有凝固剂，胶液凝固后有利于加强连接头的密封性和各芯线接头间的绝缘可靠性。注胶方法如下：

（1）热胶。由于常温下这种胶液比较黏稠，为便于注入和提高接线腔内胶液的充实度，注入前需要对其加热降黏；另外，对胶液进行适当加热也有利于缩短其凝固时间和改善凝固质量。一般加热至 50~60℃，胶液变稀后，加入凝固剂，搅拌均匀即可。

（2）注胶。可用无针头注射器抽取热好的胶液，从连接头的注胶孔注入其接线腔中。注入过程中晃动连接头，排出腔内的空气，注满为止。

（3）封口。注胶结束后，在注胶孔内装上封口螺钉，并用电焊焊封。如遇冬季气温较低，还应对连接头缠裹保温层，以提高胶液的候凝质量。

8. 点火器与电缆的检测

（1）点火器检测：在点火器与电缆连接之前，应做一次电阻值测试，测量点火器三相负载阻值、两个测温热电阻阻值，以及三相动力电缆线芯阻值和测温电缆线芯阻值，同时测量所有电缆线芯对铜护套的绝缘阻值，并做好记录。

（2）电缆与点火器连接后检测：完成电缆和点火器的对接后，用欧姆表在电缆滚筒出线端分别测量 3 根动力电缆导线芯与铜护套之间的阻值、3 根动力电缆相间阻值，以及两对测温电缆的阻值，并将此测量数据作为测量初始值，做好记录。

9. 点火器入井

（1）起吊点火器：电缆与点火器连接并检测完成后，将点火器上部的电缆及连接头用卡带将其捆扎固定在点火器本体上。用一根长度为 0.5m 的 2⅞ inTBG 油管提升短节与点火器连接，扣上吊卡缓慢上提，同时将放线器同步提高。点火器底部用绳索捆绑，由专人在两边搜紧缓慢跟进，防止点火器过于摆动。同时 4 个电缆滚筒旁有专人释放电缆，井口处有专人向井筒一侧（与电缆放线器方向一致）拉拽电缆，直到点火器吊装到井口上方。

（2）点火器入井：点火器入井前，在滚筒出线端再次检测电缆各相阻值，以判断在起吊过程中是否造成损坏，并做好记录。检测完成后，将点火器下端对中井口，并缓慢下放，至点火器整体进入井筒内，吊卡坐于井口大四通上。

10. 捆绑电缆和下入管柱

捆绑电缆的专用工具有压钳、拉钳、剪刀、卡带等。

（1）捆绑电缆：将电缆捆绑在油管柱外壁上需由 3 人配合操作。将吊卡坐放在井口大四通上后，从管架桥上吊起一根油管至井口与提升短节连接。上提管柱 0.5m 左右取下吊卡，将点火电缆拉直并排贴在油管外壁上，在接箍下端 0.3m 左右的位置打上一个电缆卡带，然后将卡带一端穿入拉钳内，操作拉钳手柄收紧卡带后，用压钳将卡子上的压片铗出齿口，以防止拉钳松开后卡子松脱。去掉拉钳，在离压片 1~2cm 处用剪刀将多余卡带剪去。然后适当下放管柱，在接箍上端 0.3m 左右的位置，用同样方法再打上一个电缆卡带。若油管中部的电缆与管体贴合过于松散，可在适当位置再捆扎 1~2 根卡带。

（2）下入点火器管柱：慢速下入点火管柱，下放速度控制在 10m/min 以内。下入过程中，每根油管都应捆绑 2~4 个电缆卡带，如果电缆比较平直，则只需在油管接箍两端捆扎即可。每下入 3~5 根油管检测一次电缆阻值，以判断电缆有无损伤，具体做法是，在将油管吊至井口进行螺纹连接的过程中，检测人员即在滚筒电缆出线端做检测，阻值正常才可继续下管柱。下完全部管柱，检测电缆阻值无异常，校核点火器下入深度。

11. 点火电缆穿过井口装置

（1）拆卸、吊起大四通：

①调整点火管柱下放位置，使井口倒数第二个油管接箍位于大四通内，地面预留电缆长度 30m 左右，将多余电缆剪除。

②松开大四通底端与套管法兰连接处螺栓，用吊车和钢丝绳吊起大四通约 1.5m，露出 7in 套管头法兰。

③将两个特制垫块平稳放在套管头法兰平面两侧固定，然后在垫块上部坐油管吊卡，缓慢下放管柱，使管柱负荷坐在吊卡上。

④将点火电缆从大四通底部逐根抽出，按顺序摆放在地面。

（2）电缆穿过大四通旁通：电缆从大四通旁通穿过时，其内部的结构棱角易损坏电缆，需提前打磨倒钝，并抹上黄油。将摆在地面的点火电缆逐根从大四通底部向侧面从旁通穿出。在此过程中，需要作业人员两边配合协作，即一边有作业人员从大四通下方往上送电缆，另一边有作业人员从大四通的旁通往外拉拽电缆，直到将全部电缆穿出。

12. 安装井口

（1）在露出大四通的油管柱上装好油管挂（蘑菇头）、提升短节和吊卡。

（2）缓慢上提管柱 0.3m，去掉套管头法兰上的垫块及吊卡。然后下放大四通坐在套管法兰上，再下放管柱，将蘑菇头坐入四通内，释放掉全部管柱悬重，卸掉提升短节。

（3）吊装井口小四通与大四通连接，紧固螺栓、顶丝等。

（4）将电缆从套管阀门中穿过后，组装好大四通两端套管阀门。

（5）点火电缆穿过井口密封法兰，操作方法如下：

①将电缆表面擦拭干净，拉成一条直线摆放在地面。在电缆通过的密封孔中涂抹适量黄油。

②将 4 根点火电缆分别从密封孔中穿出，并将密封法兰连接到套管阀门上，拧紧螺栓。

③旋紧密封法兰上各密封孔的填料压帽，确保密封，再装上防护套。

④用塑胶管或防水胶带对裸露的点火电缆进行保护，并对井口装置加装保温层（寒冷地区），如图 9-3 所示。

图 9-3　用塑胶管或防水胶带对裸露的点火电缆进行保护

二、点火电缆、井口计量仪表与电控系统设备连接与调试

1. 点火电缆与电控柜连接

（1）点火电控柜安装在电控房内，离井口30m左右的位置。

（2）用挖沟机从井口至电控房挖出一条深度约0.6m的电缆沟，将电缆穿入聚氯乙烯（PVC）保护管内，放入沟中填埋。靠近电控房的一端预留出3m左右的电缆。

（3）由于电控房预留的电缆入口在房底，则用钢丝绳将电控房吊高1m左右，在房底摆上油管桥凳支撑，然后将电控房下放在桥凳上（不解除吊车悬吊），将预留的电缆从房底电缆入口穿入房内。

（4）吊起电控房，移开油管桥凳，将电控房平稳安放于地面。

（5）在电控房内，将点火电缆与电控柜连接，调试电器显示正常。

2. 井口管汇仪连接

井口注气管汇配置的数字式流量计、温度计和压力表与上位计算机、电控系统设备连接，调试电器显示正常。

3. 点火试运行

（1）某井试注气阶段始于2009年12月1日，试注期间累计注气27942m³。开始注气后，井口油压上升较快，从2MPa上升到5.1MPa，在此期间油管共注气435.75m³。经过12h的注气，到12月3日，压力逐步稳定在2.4MPa左右，在此期间油管共注气2400.43m³。该井的油管体积为1.65m³，油套环空体积为10.28m³，由于油管气量大且体积小，所以井口的套压上升较油压上升慢，经过4.5h，套压与油压一致均为3.5MPa，在此期间套管共注气668.41m³。这说明注入的空气已将井筒中的液体替入地层，已经建立起油、套平衡状态。

（2）注气量调节。为了实现平稳注气，可通过井口装置的节流阀和注气管汇的流量调节阀进行组合调节。经过调节，油管注气量可稳定在2.5m³/min和4.3m³/min，相对应的井口油压也比较稳定，分别为2.2MPa和2.5MPa。最终，将油管注气量稳定在3.1m³/min左右，达到点火器通电点火条件。

（3）试通电。点火器试运行42min左右，加热曲线如图9-4所示。通电

前冷端温度和热端温度分别为 20.2℃和 21.8℃。

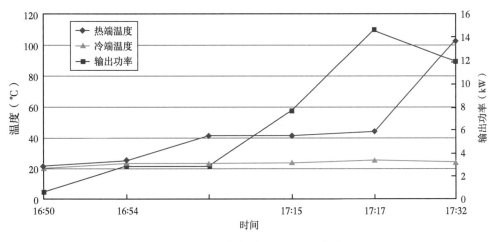

图 9-4 ××井点火器试通电曲线

试通电试验期间,电功率由 0 调至 14.7kW,点火器热端温度由 21.8℃升至最高 102.8℃。在此期间,油管和套管注气总量维持在 5m³/min 左右,油压、套压均为 2.5MPa。在注气流量为 5m³/min 左右时,加热功率与出口温度的大致关系为 0.18kW/℃或 5.51℃/kW。照此推算,在注气流量为 5m³/min 左右时,加热器满负荷(45kW)工作只能将空气加热到 270℃(井底原始地层温度取 26℃)。按照理论计算,加热器满负荷工作可以将 5m³/min 流量的空气加热到 480℃。这与理论计算值有较大偏差。主要原因:一是因为试通电时间较短,未能建立起井下空气与加热器热交换的平衡;二是因为没有考虑到加热器的热损失。冷端温度变化不大(由 20.2℃到 24.5℃)。试通电结果表明,井下电点火器调试性能正常。

三、实施点火

某井于 2009 年 12 月 9 日 10:30 时正式通电点火。开始点火时,采用手动调控模式,逐级加大点火功率,功率梯度为 3~3.5kW/(30min),以防升温过快导致点火器损坏。2009 年 12 月 24 日 12:00 点火器断电停止点火,历时 15 天,共 361.5h。在此期间累计注气 109348m³,其中油管注气 107024m³,套管注气 2324m³。点火器功率最高达到 47.9kW,热端温度最高达到 484℃。

1. 注气参数分析

点火期间注气参数如图 9-5 所示，套管注气量一直维持在 0.2m³/min 左右，其主要目的是冷却加热器冷端，防止加热器冷端温度过高，损坏电缆连接头。油管的流量在点火初期维持在 3.1m³/min 左右，油压 2.5MPa，历时 1.5h（图 9-5 中 I 区），后又提至 3.7m³/min 左右，油压 2.5MPa，历时 98h（图 9-5 中 II 区）。这主要是因为在通电点火阶段的初期，为了保证能点燃油层，要保持加热器出口的空气温度不得低于 420℃。在确认油层已经开始燃烧后，为了保证氧气的充足供给，就必须按照预定的方案逐步提高注气量，直到确认油层被充分点燃。在停止点火时，油管流量已增至 9m³/min 左右（图 9-5 中 VI 区），油压 2.9MPa。在点火期间，气量的调节总体上比较顺利，注气量台阶式增长。注气压力的变化范围不大，基本上在 4~5MPa 范围内。而油压、套压在初期始终维持在 2.5MPa（图 9-5 中 II 区、III 区），在 12 月 15 日 12∶30 左右，油压、套压突然升至 3MPa（图 9-5 中 IV 区），在 12 月 16 日 11∶39 左右，油压、套压又降至 2.5MPa（图 9-5 中 V 区），到了 12 月 18 日 13∶46 左右，油压、套压又升至 2.9MPa（图 9-5 中 VI 区），并且一直持续到点火结束。这表明在点火过程中，燃烧会影响地层的吸气能力。

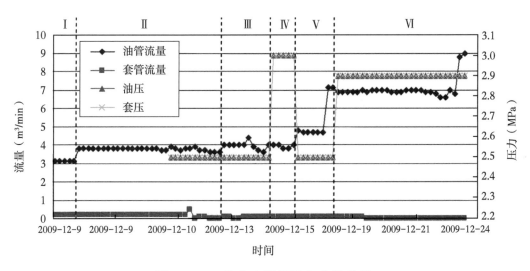

图 9-5　××井点火期间注气参数曲线

2. 点火参数分析

点火期间的点火参数如图 9-6 所示，由此可得到以下结论：

（1）在点火初期，加热器功率由 0 升至 47.9kW，热端温度由 20.3℃升至 414.9℃，历时 7.5h（图 9-6 中Ⅰ区），升温梯度在 26℃/30min 左右。在此期间，平均注气量为 3.7m³/min，油压 2.5MPa。

（2）在点火器保持 45kW 以上功率的情况下，若注气流量保持在 3.5~4m³/min，点火器热端出口温度可以维持在 440~480℃（图 9-6 中Ⅱ区，历时 132.5h），油压 2.5~3MPa。

（3）在确认油层已经点燃（一线生产井产出气中 CO_2 浓度逐步升高，O_2 浓度逐步下降趋于零）后，为促进或扩大燃烧，应逐步提高注气量，12 月 16 日调至 4.8m³/min 左右运行 30h，点火器出口温度降至 410~400℃，油压 2.5MPa（图 9-6 中Ⅲ区）。

（4）12 月 17 日注气量调至 7m³/min 左右运行 142h，油压、套压也随之上升到 2.9MPa，点火器出口温度降至 310~290℃（图 9-6 中Ⅳ区）。

（5）断电停止点火时，油管流量已增至 8.8m³/min 左右，油压、套压为 2.9MPa，点火器出口温度降至 250℃左右（图 9-6 中Ⅴ区）。

为了做进一步的分析，选取了某井注气流量、热端温度以及加热功率都比较平稳的阶段，将数据取平均值后，列在了表 9-1 中。表 9-1 中的数据由于

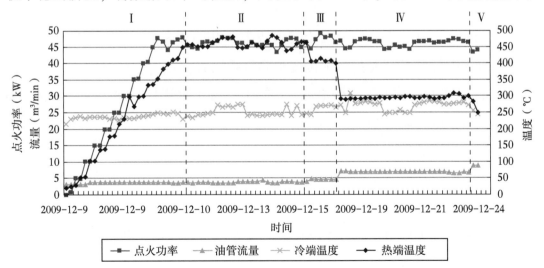

图 9-6 ××井点火参数曲线

是现场实测数据，因此对于后续的点火工作具有实际的指导意义，同时也给理论计算分析加热器的热损失提供了参考依据。

表 9-1　××井注气量、热端温度与加热功率关系表

注气量 （m³/min）	热端温度 （℃）	加热功率 （kW）	温度/功率 （℃/kW）	功率/温度 （kW/℃）	对应图 9-6 中区域
3.74	462.7	46.5	9.95	0.1	Ⅱ
4.72	407.6	47.2	8.64	0.12	Ⅲ
6.93	296.1	46.2	6.41	0.16	Ⅳ

第三节　车载式电点火作业实例

作业井号：××井点火作业

作业时间：××××年××月××日

一、下点火管柱

10:30—11:30 压井（常规作业）。

11:30—11:50 拆卸井口（常规作业）。

11:50—15:30 提出井内原管柱（常规作业）。

15:30—20:00 下点火管柱。由于点火器是用电缆从点火管柱内带压提下，因此在点火管柱的下部需配装定位接头和打孔筛管，点火管柱结构为：定位接头 ϕ108mm×0.11m＋打孔筛管 ϕ88.9mm×0.54m＋油管柱 ϕ88.9mm×465.75m（油层射孔段 466～491.51m）。

20:00—20:30 安装点火井口装置。

二、点火作业

（1）××月 12 日 10:50—11:20 安全讲话，井场巡检，井口无刺漏，检测 H_2S 浓度为 0。

11:30—16:20 安装车载点火装备。平整井场；点火车驶近井口，平稳停

放；电控房吊装安放，并与电火车接通动力线和信号线；打开支承架，调试注入头和电缆绞车等起下设备；将内置点火器的防喷管安装在井口顶法兰上；用绷绳固定支承架；连接井口点火管汇、计量仪表等。

16:20—16:35 用清水试压。井口及防喷管试压 10MPa，稳压 10min，压降 0；井口管汇试压 9MPa，稳压 5min，压降 0 合格。

16:35—19:20 正循环洗井，清洁井筒。测得洗井液进口密度 1.04g/cm^3；洗井排量 450L/min，洗井 33m^3；出口无可见油，测得洗井液密度 1.04g/cm^3 与进口密度一致；用四合一检测仪未检测到有毒有害气体。

19:20—20：20 挤注洗井液，置换井筒液体，并将近井筒可燃流体推进地层，确保注气点火阶段井筒安全。注入排量 420~450L/min，注入压力 3.2~3.5MPa，注入液量 60m^3。

20:30—22：57 试注空气。总管注气排量 290m^3/h，初期注气压力 4.8~5MPa，约 40min 后注气压力稳定，油压 2MPa，套压 2.4MPa（压力表的调校问题导致油压、套压不一致）。

23:00—2:00 下入点火器至设计点火位置 465.79m，点火器阻值检测正常。

（2）××月 13 日 2：40 开始通电点火。

3:40—8:40 点火器热端温度 137~259℃，冷端温度 46~48℃，点火功率 6.6~15.4kW，注气排量 220~230m^3/h，油压 2.0MPa，套压 2.5MPa（处于慢速升温阶段，用热气吹扫井筒）。

××月 13 日 9:40—21 日 10:00 点火器热端温度保持在 480~485℃，冷端温度 47~49℃，点火功率 35~39kW，注气排量 250~255m^3/h，油压 2.5MPa，套压 2.6MPa（处于设计点火温度阶段）。

××月 21 日 10:40—24 日 11:00 注气排量调高至 300m^3/h，注气压力仍保持油压 2.5MPa，套压 2.6MPa，点火器热端温度保持在 450~455℃，冷端温度 45~47℃，点火功率 40~42kW（处于点火后段，加大气量促其燃烧）。

（3）××月 24 日 12:00—29 日 17:00 注气排量调高至 350~355m^3/h，油压 2.6MPa，套压 2.6MPa，点火器热端温度保持在 395~405℃，冷端温度 43~44℃，点火功率 40~42kW（为做试验加大气量，观察生产井是否见 O_2，以确认油层燃烧状态）。调高注气量 3 天后，生产井未见 O_2，确认点火成功，于 29 日 17:00 停止点火。

第四节　一体式电点火作业实例

作业井号：××井点火作业

作业时间：××××年××月××日

一、下点火管柱

10:20—11:20 压井（常规作业）。

11:20—11:45 拆卸井口（常规作业）。

11:45—15:35 提出井内原管柱（常规作业）。

15:35—20:15 下点火管柱。由于点火器是用电缆从点火管柱内带压提下，因此在点火管柱的下部需配装定位接头和打孔筛管，点火管柱结构为：定位接头 $\phi108mm\times0.11m$+打孔筛管 $\phi88.9mm\times0.54m$+油管柱 $\phi88.9mm\times473.7m$（油层射孔段 474~483m）。

20:15—20:40 安装点火井口装置。

二、点火作业

（1）××月 01 日 12:20—12:50 安全讲话，井场巡检，井口无刺漏，检测 H_2S 浓度为 0。

12:50—15:20 安装车载点火装备。平整井场；点火车驶近井口，平稳停放；接通工业用电；打开点火车支承架，调试注入头和电缆绞车等起下设备；将防喷胶皮阀门安装在井口顶法兰上；用绷绳固定支承架；连接井口点火管汇、计量仪表等。

15:20—20:20 用清水试压。井口及防喷管试压 10MPa，稳压 10min，压降 0；井口管汇试压 9MPa，稳压 5min，压降 0 合格。正循环洗井，清洁井筒。备洗井液（脱油热污水）30m³，井口测得洗井液密度为 1.00g/cm³；循环返出洗井液 20m³ 后不再出液，用四合一检测仪未检测到有毒有害气体。

20:20—21:10 挤注洗井液，置换井筒液体，并将近井筒可燃流体推进地层，确保注气点火阶段井筒安全。注入液量 15m³，注入压力 0。

××月 01 日 21:10—02 日 12:10 休班。小排量注气（不大于 100m³/h）防止地层液体回吞。

（2）12:10—14:00 试注空气。总管注气排量 250～300m³/h，油压、套压均稳定在 4.0MPa。

14:00—16:20 下入点火器至设计点火位置 474.22m；点火器阻值检测正常。

16:20 开始通电点火。

16:20—21:00 点火器热端温度 85～253℃，冷端温度 34～36℃，点火功率 5.8～28.19kW，注气排量 250～255m³/h，油压 3.2MPa，套压 3.2MPa（处于慢速升温阶段，用热气吹扫井筒）。

××月 02 日 21:00—3 日 22:00 点火器热端温度保持在 302～440℃，冷端温度 37～40℃，点火功率 38～41kW，注气排量 250～255m³/h，油压 3.1MPa，套压 3.2MPa（处于设计点火温度下限阶段）。

××月 3 日 3:00—10 日 12:00 点火器热端温度保持在 480～489℃，冷端温度 37～40℃，点火功率 38～41kW，注气排量 210～215m³/h，油压 2.8～3.0MPa，套压 2.8～3.0MPa（处于设计点火温度阶段）。

××月 10 日 13:00～14 日 12:00 注气排量调高至 350m³/h，注气油压 3.3～3.5MPa，套压 3.3～3.5MPa，点火器热端温度保持在 410～430℃，冷端温度 34～37℃，点火功率 44～45kW（处于点火后段，加大气量促其燃烧）。确认点火成功，于 14 日 17:00 停止点火。

参 考 文 献

[1] 蔡文斌，李友平，李淑兰，等. 胜利油田火烧油层现场试验 [J]. 特种油气藏，2007 (6)：88-90.

[2] 新疆石油管理局. 克拉玛依油田火烧油层试验初步总结 [J]. 采油工艺技术，1973 (5).

[3] 张宗源，谢志勤. 胜利油田火烧油层先导性试验研究 [J]. 石油钻采艺，1996，18 (3)：88-92.

[4] 余杰，潘竟军，蔡罡，等. 电点火工艺技术在新疆红浅火驱的应用研究 [J]. 石油机械，2011，39 (7)：19-21.

[5] 蔡罡，陈龙，坎尼扎提，等. 火驱车载移动式电点火配套工艺设备研发 [J]. 石油机械，2017，45 (3)：102-106.

[6] 任辉. 高3618块火烧油层技术应用与实践 [J]. 石化技术，2018，25 (01)：242.

[7] 舒华文，田相雷，蒋海岩. 火烧油层点火方式研究 [J]. 内蒙古石油化工，2010，36 (21)：5-8.

[8] 陈万洪，谢志勤，张宗源. 胜利油田火烧油层技术研究及应用. 特种油气藏，1996，3 (4)：35-38.

[9] 傅维镳，张永廉，王语安，等. 燃烧学 [M]. 北京：高等教育出版社，1989.

[10] 布尔热 J. 等. 热力法提高石油采收率 [M]. 北京：石油工业出版社，1991.

[11] 张敬华，杨双虎，王庆林. 火烧油层采油 [M]. 北京：石油工业出版社，2009.

[12] 岳清山、王艳辉、火驱采油采油方法的应用 [M]. 北京：石油工业出版社，2000.

[13] 刘应忠，胡士清. 离3-6-18块火烧油层跟踪效果评价 [J]. 长江大学学报，2009，6 (1).

[14] 孙明磊，史军，于莉萍. 草南95-2井组火烧油层矿场试验研究 [J]. 海洋石油，2005，25 (1).

[15] 杨世铭. 传热学 [M]. 北京：人民教育出版社，1981.

[16] 潘延龄，舒宏纪. 工程热力学和传热学 [M]. 北京：人民交通出版社，1982.

[17] 李淑兰，李友平，范海涛，等. 3DR-I型火驱油点火器的研制与应用 [J]. 石油机械，2004，32 (1)：3，28-30.

[18] 《电线电缆手册》编写组. 电线电缆手册 [M]. 北京：机械工业出版社，1978.

[19] 宋彦坡，彭小奇. 饱和水及饱和蒸汽热力性质数据库的开发与应用 [J]. 能源技术，2003，24 (6)：264-267.

[20] 李斯特, 马润梅, 吴冷. 饱和水蒸气与水的焓与熵参数的新关联式 [J]. 工程热物理学报, 1996, 17 (3): 265: 268.

[21] 司广树, 姜培学, 李勐. 单相流体在多孔介质中的流动和换热研究 [J]. 承德石油高等专科学校学报, 2000 (04): 4-9.

[22] 季杰, 陈雁南, 葛新石, 等. 第三类热湿传递边界条件下含混多孔体的非稳态传热过程 [J]. 中国科学技术大学学报, 1996, 026 (2): 267-270.

[23] 马兆玉. 对湿空气焓值近似计算公式的研究 [J]. 铁道车辆, 1996 (12): 31-34.

[24] 王瞩宇, 邹钺. 干燥作业中高温湿空气焓的计算及分析 [J]. 能源研究与信息, 2008, 24 (2): 97-100.

[25] 刘朝, 万黎明, 刘娟芳, 等. 高温高压湿空气的维里方程 [J]. 工程热物理学报, 2006, 27 (6): 920-922.

[26] 杨智勇, 刘朝. 高温高压湿空气气液相平衡 PVT 参数估算 [J]. 热能动力工程, 2005, 20 (5): 532-534, 538.

[27] 丁皓, 吉晓燕, 秦建华, 等. 高温高压下饱和湿空气焓与湿度的预测 [J]. 化工学报, 2002, 53 (8): 879-882.

[28] 刘朝, 杨智勇, 刘娟芳. 高温高压下湿空气的焓和熵计算 [J]. 工程热物理学报, 2007, 28 (4): 557-560.

[29] 张静波, 倪波. 高温湿空气热物理性质计算方程 [J]. 东华大学学报 (自然科学版), 1998 (2): 73-76.

[30] 关文龙, 蔡文斌, 王世虎, 等. 火烧驱油中地层点火温度的精确测试方法 [J]. 石油机械, 2005, 33 (9): 2, 65-66.

[31] 陈新民, 李淑兰, 李友平, 等. 火烧油层点火参数计算模型的建立与应用 [J]. 石油机械, 2004, 32 (6): 21-22, 38.

[32] 路平, 王敏娟. 全性质湿空气 H-I 算图 [J]. 化学世界, 2001, 42 (7): 4, 358-361.

[33] 陈万洪, 谢志勤. 胜利油区火烧油层技术研究及应用 [J]. 特种油气藏, 1996, 3 (4): 5, 35-38, 42.

[34] 马远乐, 赵刚, 朱书堂. 水平井热力采油的数学模型 [J]. 清华大学学报 (自然科学版), 1997 (5): 72-75.

[35] 吴向红, 叶继根, 马远乐. 水平井蒸汽辅助重力驱油藏模拟方法 [J]. 计算物理, 2002, 19 (6): 549-552.

[36] 张兆顺, 崔桂香. 流体力学 [M]. 2 版. 北京: 清华大学出版社, 2006.

[37] 李辉. 稠油热采注蒸汽地面管线与井筒水力热力学耦合模型研究 [D]. 南充：西南石油大学，2005.

[38] 陈学东，常丹. Visual Basic 6. 0 程序设计教程 [M]. 北京：清华大学出版社，2005.

[39] 李晓黎. Visual Basic + Oracle 9i 数据库应用系统开发与实例 [M]. 北京：人民邮电出版社，2003.